产品管理与运营系列

U0174349

产品经理
心理学通识

孟天林　著

PRODUCT PSYCHOLOGY

GENERAL KNOWLEDGE OF PRODUCT MANAGER PSYCHOLOGY

机械工业出版社

CHINA MACHINE PRESS

图书在版编目（CIP）数据

产品经理心理学通识 / 孟天林著. —北京：机械工业出版社，2024.3
（产品管理与运营系列丛书）
ISBN 978-7-111-74955-4

Ⅰ.①产… Ⅱ.①孟… Ⅲ.①产品设计 – 应用心理学 Ⅳ.① TB472-05

中国国家版本馆 CIP 数据核字（2024）第 052494 号

机械工业出版社（北京市百万庄大街 22 号 邮政编码 100037）
策划编辑：杨福川 责任编辑：杨福川 陈 洁
责任校对：郑 雪 张 薇 责任印制：常天培
北京机工印刷厂有限公司印刷
2024 年 5 月第 1 版第 1 次印刷
170mm×230mm・16.25 印张・206 千字
标准书号：ISBN 978-7-111-74955-4
定价：89.00 元

电话服务 网络服务
客服电话：010-88361066 机 工 官 网：www.cmpbook.com
 010-88379833 机 工 官 博：weibo.com/cmp1952
 010-68326294 金 书 网：www.golden-book.com
封底无防伪标均为盗版 机工教育服务网：www.cmpedu.com

很多看似复杂的知识体系，往往都是从一些基础的概念或理论衍生出来的。例如，经典力学建立在"牛顿三定律"的基础上，整个几何学建立在几条不证自明的公理之上，进化论建立在"生存斗争"和"自然选择"这两个核心观点的基础上。事实上，产品经理的知识体系也是建立在用户、需求、产品这 3 个基本概念以及概念之间的关联关系基础上的。

1. 从基本概念展开

首先，围绕着"用户"这个基本概念，可以衍生出用户挖掘、用户分析、用户调研、用户访谈、用户画像等知识。

其次，围绕着"需求"这个基本概念，可以衍生出需求识别、需求分析、需求真伪评估、需求价值评估、需求评审、需求优先级评估、需求池管理等知识。

最后，围绕着"产品"这个基本概念，可以衍生出产品定位、产品分析（竞品分析）、行业分析、商业分析、产品设计、产品管理、产品数据等知识。

2. 从概念之间的关联关系展开

首先，从用户和需求的关系展开，用户产生需求，产品经理需要掌握如何挖掘用户需求，并撰写用户需求分析报告等知识。

其次，从需求和产品的关系展开，从需求到产品的过程指的是需求分析、产品设计及产品研发的过程。在整个过程中，产品经理要掌握基础文档的撰写方法，以及产品原型图、流程图、架构图的画法等知识。在产品研发的过程中，产品经理需要和技术、设计、测试以及运营等人员协作，所以要掌握一定的技术、测试、设计、运营等知识。此外，还要掌握从需求分析到产品设计再到产品研发上线的整个过程所需要的项目管理知识。

最后，从用户和产品的关系展开，产品经理不仅要掌握用户体验的知识，还要掌握产品上线后的数据分析、用户反馈、版本迭代等知识。

以上就是产品经理所要掌握的产品知识体系的所有内容，无论是刚入门的产品经理，还是已经工作了几年的产品经理，都可以试着通过这种方式审视自己目前所掌握的知识是否全面，逐步为自己打造出完整的产品知识体系。

孟老师的这本书将"用户"这个概念结合心理学知识进行了深入研究。作为一个产品经理，必须深入理解用户，洞察人性，才能保证输出的需求是真实有效的，才能进一步设计出有用、好用、有价值（即商业价值）的产品。

基于常识，我们通常认为个体的人格属性一般表现为占便宜、炫耀、攀比、嫉妒、喜新厌旧、标新立异、特权、荣誉、窥探、从众、迷信、渴望关注、期待认同、生存感、存在感、安全感、孤独感、成就感、焦虑感等，所以都是基于这些基本的人格属性来设计用户需要的产品和功能，例如，很多产品推出的会员权益、游戏产品引入的激励机制等。

但基于常识我们只能把产品做到 60 分，想要设计出更加优秀的产品，需要学习更专业的心理学知识，并与用户分析、产品设计等日常工作结合起来，发挥"专业知识"的价值。

而本书是对整个产品经理知识体系中用户心理学内容的补充和完善，

也是众多产品经理相关书籍中第一本结合心理学来指导用户分析、需求分析、产品设计的书。书中不仅有古德曼定律、麦穗定律、吉格勒定律等用户心理学定律结合实际产品设计案例的详细介绍，还有蔡格尼克效应、锚定效应、雷斯多夫效应等多种心理学效应在当下热门产品中的实战讲解。通过阅读本书，产品经理可以建立起自己的用户分析方法论，为进一步构建产品知识体系打好基础。

曾有幸与孟老师在同一家公司共事，他是一位认真、严谨、对工作充满热情的人，他对用户、需求、产品以及行业和商业有着深刻的认识，而这样深刻的认识基于他在多年工作中形成的一套自己的产品方法论，与他交流常有新的收获。当我读完整本书时，为整个行业能有这样的书籍来分享垂直领域知识而感到庆幸，希望广大读者能从本书中获益。

赵丹阳

《产品经理方法论：构建完整的产品知识体系》作者

序2

用户是产品和服务的最终使用者。只有想用户之所想，才能做出更好的产品，这就要求产品经理具备同理心。

同理心是一种与用户在某种情绪上产生共鸣和共情的能力，它要求我们站在用户的角度思考，也就是把自己当成用户。

搞分析我们谈同理心，弄研究我们谈同理心，做产品我们谈同理心，写需求我们也谈同理心，画原型我们还谈同理心。我们之所以谈同理心，是因为同理心能够帮助我们更好地了解用户需求，使得产品更好地满足用户需求。换句话说，具备同理心，也就是要懂心理学。

心理学可以帮助产品经理更好地理解用户。比如在用户研究过程中，挖掘用户需求、构建用户画像、描述用户故事、分析用户行为、解决用户痛点、提升用户体验等，都需要懂心理学。

在产品与用户的深度融合中，心理学起着关键性作用。心理学是优秀产品经理的核心竞争力之一，但系统性讲解产品心理学的书很少。

什么是产品心理学？产品经理为什么要懂心理学？心理学在产品生命周期中有什么作用？这些来自灵魂深处的拷问，都可以在本书中找到答案。

本书从产品心理学的角度出发：首先，以产品心理学的理论为切入点，深度挖掘产品心理学的核心价值；然后，通过用户同理心模型、用户心智模型、用户心流体验等进行用户需求分析，并推动需求落地；接着，借助心理学定律与产品深度融合，让产品连接用户并产生价值；然后，从心理学效应出发，借助产品思维去设计符合用户预期目标的产品；最后，拆解产品设计中的心理学案例，借助案例倒推产品逻辑，将用户需求了解透彻，以便从用户视角去看待问题。

本书既有心理学知识，又有产品打磨技巧，案例丰富。作者在阐述产品心理学时结合自己多年来的实践经验提出了不少独到的见解，值得所有产品经理认真研读。

以产品心理学为切入点，通过自我辩证的方式，倒推用户背后的产品观，透过现象看本质，有助于打造一款符合用户需求的产品。从用户生命周期管理角度来看，本书堪称产品心理学领域第一书。不管你是哪个阶段的产品经理，本书都能为你提供巨大的帮助，带给你不一样的思考！

朱学敏

华创微课 CEO，金融布道者，《金融产品方法论》

和《产品闭环：重新定义产品经理》的作者

前　言

为什么要写这本书

谈及心理学，我们往往只会想到它是一门研究用户心理变化的学科，却很难将它与产品设计联系起来，更不用说去想它们之间是否存在特殊的关系。但实际上，心理学在产品设计中发挥着至关重要的作用。

产品的最终使用者是用户。我们常说"知己知彼方能百战不殆"，如果不了解用户，怎么能把产品设计好呢？产品经理在开始学习产品设计时，就要把用户调研和用户思维作为必须掌握的第一要领，了解用户和研究用户本就是产品经理职业生涯中不可缺失的部分。那么，研究用户到底研究什么呢？在过往的产品知识体系中，对于用户的研究只停留在用户画像、用户思维、用户行为等领域，却很少触及用户心理。

然而，很多人并不知道，研究用户心理才是产品设计的终极目标。"产品设计是一个研究用户心理学的过程"，这是强调产品设计实际上是在研究用户心理，研究他们的心理需求、行为方式和操作习惯。只有这样，我们设计的产品才能真正满足用户的心理需求。

毫不夸张地说，产品心理学是产品设计的灵魂，是产品设计的心灵圣经。希望通过对本书的学习，产品经理能够在日常的产品实践中找到产品设计的用户心流通道，这也是我写这本书的初衷。

本书主要内容

尽管市面上关于产品经理的书籍已经很多，但研究产品设计中用户心理的书籍还是很匮乏的。因此，本书作为将产品和心理学相结合的一本行业书籍，定位为产品知识体系的入门级读物。其出发点是弥补产品经理职业发展中用户心理分析的知识空白，旨在通过剖析用户心理，追溯用户需求，真正帮助产品经理设计出符合用户心理预期的好产品。

本书共 8 章，首先系统地介绍产品心理学的定义、研究对象、研究范围以及价值。然后阐述用户的三个基本心理学行为——认知心理学、动机心理学和行为心理学，介绍用户同理心模型、用户心智模型和用户心流体验。我们都知道，用户的一切心理活动都离不开用户需求，因此，接下来讲述用户需求的定义、需求的三大特征、需求的机理模型、需求的分类，以及有效地洞察用户需求的四大要点。然后，从产品设计的角度出发，介绍如何将心理学思维、心理学定律和心理学效应运用到实际的产品设计中，帮助读者建立产品设计的心理学模型。最后，介绍如何避免用户心理学陷阱，并通过一个个真实案例精彩地呈现了产品心理学在产品设计中的实际应用。

读者对象

本书适用于所有从事产品经理这个职业的人员，包括但不限于以下细分人群：

1）1 年以下从业经验的产品经理：该层次产品经理的主要工作是原型设计，围绕产品的可用性、有用性、易用性思考如何实现产品功能需求。本书能够帮助该层次产品经理在产品设计中从同理心的角度思考用户体验和设计用户故事。

2）1～5 年从业经验的产品经理：该层次产品经理主要负责某个领域的产品设计。本书能够帮助该层次产品经理理解用户行为和决策过程，从而设计出更符合用户心理的产品。

3）5 年以上从业经验的产品经理：该层次产品经理主要从商业和策略的角度思考产品的全景图。本书能够帮助该层次产品经理从心理学的角度思考产品的商业生态和市场策略。

勘误和支持

由于我的认知和知识体系存在不足，加上产品与心理学相关的内容目前在行业中还没有任何参考书籍和权威内容，书中难免存在一些错误或不准确的地方，恳请读者批评指正。如果读者在阅读过程中发现不当之处，或者有任何意见或建议，欢迎发送邮件至 244974698@qq.com。

致谢

本书的出版要感谢很多人，尤其是在我的职业生涯中激励我的领导和同事，他们的支持和反馈让我一步步形成自己的知识体系。

虽然我是一名写作爱好者，但写书是第一次，既是同事又是笔友的《产品经理方法论：构建完整的产品知识体系》一书的作者赵丹阳一直鼓励我，才有了本书。

非常感谢机械工业出版社的各位编辑在我开始想要写本书时对我的肯定，以及在写作过程中给予的帮助，他们的指导才成就了本书。

谨以此书献给所有从事产品经理这个职业的勇敢开拓者和辛勤耕耘者！

目　录

第4章　产品设计中的心理学思维

第5章　产品设计中的心理学定律

第 1 章

什么是产品心理学

产品最终是为了满足用户的需求，用户直接或间接的反馈决定了产品的生命周期。因此，了解用户的心理需要、心理变化及一般行为规律尤为重要。在产品设计中，我们将了解用户的心理需要、心理变化及一般行为规律称为产品心理学。

研究产品心理学可以帮助我们更好地理解用户的需求和行为，进而设计出更符合用户需求的产品。当产品能够满足用户的需求时，用户会更愿意使用产品。因此，本章将详细介绍产品心理学的定义、研究对象及研究范围。同时，我们还将探讨学习产品心理学的价值，并探索其对产品设计的益处。

1.1 产品心理学的定义

我们来做个小小的调查："大家手机里是否都安装了微信这款应用？你们每天在这个应用上花费多少时间呢？"不妨大胆猜测一下，估计多数人每天会花费四分之一的时间在微信上。如此消耗自己的时间，你们是否想过卸载微信呢？相信答案是没想过。那么，原因是什么呢？微信是一种基于社交需要的即时通信产品，用户早已习惯用它联系朋友、家人、客户，甚至查阅资料和学习知识。

俗话说："当局者迷，旁观者清。"我们是否思考过为什么微信能够抓住用户的心理需求？它背后的逻辑引擎是什么？难道只是一堆冰冷的数据推演和精准的算法推荐吗？带着这些疑惑，我们开始学习产品心理学。

在学习产品心理学之前，不得不提"心理学"这门学问。"心理学"一词是由希腊文 psyche 和 logos 两个词演变而来的。psyche 意指"灵魂"，logos 意指"知识"和"论述"，两个词合在一起就是研究人类灵魂的学问。

随着现代科学的发展，心理学的研究由灵魂演变为心灵，心理学也就变成了一门心灵哲学。人的感情和思想通常被认为源自"心"，人的内心调理和规则称为"理"，因此心理学是思想、心思、感情的统称。于是，学者们把心理学的研究定义为研究人的心理活动及其发生发展规律的一门学科。

接下来，我们将进行一个简单的心理学测试。如图 1-1 所示，有 10 张不同形状和颜色的图片，编号分别为 01~10。其中 5 张是黑白图片（01、04、05、06、07），墨迹深浅不一；2 张是绿色为主的图片（02、03），加了红色斑点；3 张是彩色图片（08、09、10）。可以发现，这 10 张图片都是对称图形，看上去像某种符号。

请根据这 10 张图片的形状和颜色回答以下三个问题：

- 这些图片看上去像什么？
- 这些图片使我们想到什么？
- 这些图片是否引起了我们的喜悦、愤怒或害怕等情绪？

在回答问题之前，请注意观察自己的内心活动，例如回答问题的速度、情绪以及附带的行为举止。

假设我们已经回答了上述三个问题并记录了自己的心理状态，那么现在可以看看下面的答案是否与我们的回答一模一样。例如：01 代表人体的肺部或盆骨；02 代表水墨画；03 代表古代图腾；04 代表神秘标记；05 代表飞蛾；06 用于描述心情，如喜悦、愤怒、害怕或伤心；07 代表天上的云雾；08 代表风景；09 代表泼洒的墨迹；10 代表植物的根须。

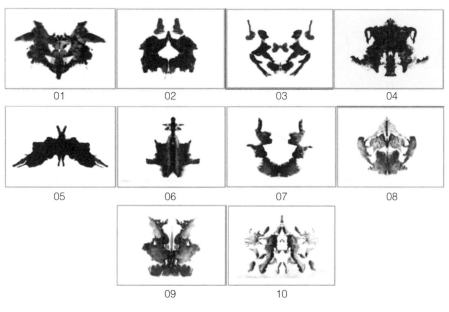

图 1-1　罗夏墨迹测验

如果继续回答下去，将会有无穷无尽的答案，且毫无标准。但是，从回答问题中可以了解我们的心理变化。例如，回答过快可能是因为心情急躁，回答过慢可能是因为反应迟钝，回答较多且形象则表明思维活跃、天马行空，回答较少则可能存在思维缺乏锻炼等问题。

其实，上述测试是心理学界非常有名的"罗夏墨迹测验"。该测验由瑞士精神科医生罗夏创立，并在心理学中被广泛使用。测试方式为通过向被试者呈现标准化的由墨渍偶然形成的模样刺激图版，让被试者自由地看并说出由此所联想到的东西。然后将这些反应用符号进行分类记录，进而对被试者的各种特征加以分析。

如果将"罗夏墨迹测验"视为一种产品，那么受试者就是用户，此时我们发现同一种产品面对的用户是千差万别的，他们在使用产品时的内心变化也是非常复杂的。由此可以联想到产品经理在设计产品的过程中，不仅要考虑产品的使用功能，还要考虑用户的思维方式。因此，产品经理要了解心理学已成为一种必然趋势。

虽然产品设计和心理学看似是两个毫不相关的领域，但却因为研究相同的用户心理变化及其规律，天然存在既相互区别又相互联系的关系。因此，产品心理学应运而生。

现在，我们不妨给产品心理学下一个定义。通俗点来说，产品心理学是基于普通心理学，以满足用户需求和心理为目标，研究产品设计过程中用户心理活动、思维变化的发生和发展规律的一门科学。它是应用心理学的一个新分支。

1.2 产品心理学的研究对象

作为应用心理学的分支，产品心理学的研究对象是围绕用户心理需求展开的。具体来说，它涵盖以下几个方面。

1. 用户的本能心理需求

用户的本能心理需求是产品经理在商业设计中应优先考虑的基础心理因素。我们经常会发现，用户被一款产品所吸引，继而下载使用是一个奇妙的心理过程。例如早期社交领域的产品——米聊和微信，现在不妨尝试回想当初我们为什么会如此钟爱使用它们。

从产品上线时间来看，米聊是小米科技出品的一款免费即时通信工具，上线时间是 2010 年 12 月；微信是腾讯推出的一款即时通信免费应用程序，上线时间是 2011 年 1 月。

米聊在抢占用户心智方面领先于微信，但为什么最终从市场中消失了？我们来简单看看米聊和微信的初始设计。

米聊与两款软件具有相似的功能：一款是名为 kik 的手机通讯录社交软件，它可基于本地通讯录直接建立与联系人的连接，并在此基础上实现免费短信聊天；另一款是名为 Talkbox 的产品，米聊对讲机功能的灵感似乎源于此。

在米聊上线的同时，腾讯公司也在张小龙的带领下开发了社交软件——微信。微信不仅有与米聊同样的商业思考，还自带 QQ 的一系列功能（如漂流瓶、摇一摇、附近的人，早期的微信还能收到 QQ 好友留言等），同时借助 QQ 做新用户流量导入。

米聊最终败给了具有社交基因的微信。当然，在这场即时通信的战争中，远远不只是这一点原因，诸如产品的团队能力、产品的细节打磨、市场资源加持等也都扮演了重要的角色。这也印证了雷军的那句话："想做成产品，一定要顺势而为。"这个"势"，一是抓住时代的趋势，二是抓住用户的本能心理需求。

2. 用户的大众心理需求

大众心理需求也称为群体心理需求，是一种普遍存在的心理需求。在这种需求下，整个群体的情感和想法都指向同一个方向，有意识的个性消失了。

人类是高级的情感动物，大脑所表现出来的情绪也是复杂多样的。此处先简要介绍大众心理需求，后面将专门分析和讨论用户心理。具体来说，大众心理需求主要表现为以下特征。

（1）大众的冲动和执着

"人之初，性本善，性相近，习相远"讲述的是人刚出生时，天性都是善良和相似的，但随着后天环境的不同，性情也产生了好与坏的差别。大众的冲动和执着恰好与此相对应。这种情绪表现是不受大脑支配的，而是由环境因素和外部刺激对群体产生支配作用。此外，这种反应会不断发生变化，群体成为刺激因素的"奴隶"。

在过去的十年中，"双十一"从一个被称为"光棍节"的单身派对，逐渐演变成为全球最大的购物节。虽然这个节日在开始时只是为了安慰单身人士，但它的商业价值却逐渐被人们发掘并利用。这个节日现在已经不仅仅是单身人士的嘉年华，更是全球消费者的年度购物狂欢节。

试着问一下自己，双十一那天，我们的购买需求是真实存在的吗？因为商家打折，能够以低价买到自己心仪的商品，所以把一年中所有需要购买的物品都放在了这一天。但往往在自己的购物清单中，总有冲动消费的产品。

在现实生活中，冲动消费屡见不鲜。有时在做出判断并获得某种利益之后，用户会发现购买的东西并不是自己真正需要的，而只是因为一时冲动或受到外界刺激而做出的连锁决策反应。"双十一"购物狂欢节恰好抓住了大众的冲动消费心理。

（2）大众的从众和轻信

大众的从众和轻信在生活中最为普遍，如抄近路和被"种草"（网络流行语）。在公园或学校里，经常能看到从草坪中穿过的"近路"。这里所描述的就是大众的从众心理在起作用，有人认为这条路是最佳捷径，一旦有人尝试先走，就一定会有人跟随，人的本能行为就是如此。

除了从众外，人们还容易轻信。以大家熟悉的小红书为例，这款产品本质上是种草行为的最直接表述。用户被种草的原因是大众的轻信心理，即在做决策时，喜欢听经验丰富的人分享。从宏观上看，这是一种拿来主义。但不可否认的是，大众的轻信是一种毫无对错可言的心理，实际上也没有任何参考依据去佐证、评判。反而，这才是人们最真实的心理状态。

（3）大众的易变和保守

在产品设计中，大众的易变和保守心理是需要考虑的重要因素。大众的易变心理指的是用户需求会随着产品更新换代而发生变化，而保守心理则是指用户对于新产品和新功能的接受程度和风险偏好的保守倾向。

随着科技的发展和市场竞争的加剧，产品更新换代的周期越来越短，用户需求的变化也越来越快。因此，在产品设计时需要考虑大众的易变心理，不断进行创新和迭代，以满足不断变化的用户偏好。

同时，用户对于新产品和新功能的接受程度也存在保守心理。由于新产品和新功能存在不确定性和风险，用户往往更倾向于选择已经经过市场验证的、成熟的产品和服务。因此，在产品设计时需要考虑用户的保守心理，确保新产品和新功能具有较高的稳定性和可靠性。同时，通过市场推广和用户教育等方式，逐渐改变用户的保守心理，提高用户对于新产品和新功能的接受度和信任度。

3. 用户的个性心理需求

用户的个性心理需求是指用户在产品使用过程中表现出来的个体独特性和个性化需求。在产品设计中，用户的个性心理需求主要表现为以下几个方面。

- 情感需求：产品设计时应考虑用户在使用产品时可能产生的情感，并通过产品的颜色、形状、图案等设计元素来激发用户的情感共鸣，创造良好的情感体验。
- 安全感需求：用户在使用产品时要感到安全、可靠，则需要产品具有稳定性和可靠性，避免给用户带来不必要的风险和隐患。
- 自由选择需求：用户希望能够自由选择产品，对产品的选择拥有自主权，产品设计时应考虑用户的需求和偏好，提供多样化的选择和定制化服务。

- 社交互动需求：用户在使用产品时，需要与其他用户进行交流和互动，产品设计时应考虑提供社交互动的功能，如评论、分享、私信等。

综上所述，我们得出结论：用户心理需求是产品心理学的基础内容。产品心理学把用户心理需求作为长期的研究对象。无论是用户的本能心理需求、大众心理需求，还是用户的个性心理需求，都是用户在面对各种产品时所表现出的意识形态。这些需求并不是长期不变的，有时候会相互转化，即本能需求会转化为大众需求，大众需求会转化为个性需求。因此，了解并领悟用户心理需求有助于更深入地学习产品心理学，并为其提供理论基础。

1.3 产品心理学的研究范围

产品心理学把用户的心理变化及一般行为规律在产品设计中的应用作为研究范围，具体包括以下两个方面。

1. 如何在产品设计中考虑用户心理预期

作为一项有目的性的创造设计，产品设计的成功与否可以通过用户的心理预期来衡量，如图 1-2 所示。在用户的心理状态复杂多变的情况下，洞察用户的心理显得更为重要。一个符合用户心理预期的产品可以解决用户的痛点，达到用户爽点，兼具实用和美观。我们来进一步拆分说明。

（1）解决用户痛点

梁宁在《产品思维 30 讲》中形象地提出了"痛点即是恐惧"的概

念，那么这个"恐惧"是什么意思呢？书中以一个家庭主妇的例子来说明：张太太是一位全职太太，她每天要照顾两个孩子，早上给两个孩子做早饭，先送老大上学，再回来陪老二玩耍，下午要带着老二去接老大放学，回家后还要赶紧做晚饭，整天都被家务活占据。虽然张太太原本也有自己的兴趣爱好、想法和梦想，但现实中已经没有时间去实现了。那么这对于张太太来说算不算是"痛点"呢？当然不是，因为其中没有涉及恐惧。

图 1-2　产品设计之用户心理预期

这个例子只是描述了张太太对现状的不满，并没有说明她想要实现什么。如果张太太是一个文学爱好者，她可能会担心自己所有的时间都被照顾孩子占据了，无法从事自己的文学创作。这可能是一个明确的痛点，因为张太太的目标是"在照顾好孩子的同时，能够正常从事文学创作"。

因此，解决用户痛点不是解决用户当下得不到的满足，而是解决用户在某种情境下想要完成而又无法实现的目标。

（2）达到用户爽点

痛点是产品设计中的一个抓手，而爽点则是另一个抓手。什么是爽点？当人们得到满足时，他们会感到愉悦；而当人们得不到满足时，他们会感到痛苦。因此，爽点是指那种能够立即满足用户心理需求的东西。从产品设计的角度来看，爽点主要体现在产品体验好、交互设计流畅，并且能够随时符合用户的心理预期上。

（3）兼具实用和美观

满足用户心理预期的另外一层含义是产品的实用和美观，即产品不仅要有颜值，还要有实力，那些用户口碑极高的产品无不在实用和美观上表现得淋漓尽致。因此，一款符合用户心理预期的产品一定要在实用和美观上下足功夫。

在实用方面，产品应该具备足够的功能和性能，以满足用户的各种需求。同时，产品应该易于使用，以便用户能够快速上手并充分利用其功能。例如，在开发一款社交媒体应用时，开发团队应该考虑到用户能够轻松地与朋友进行沟通和分享，同时还能够浏览有趣的内容和参与社区活动等。

在美观方面，产品应该具有吸引人的外观和界面设计。这不仅能够增加用户对产品的好感度，还能够提高产品的易用性。例如，在开发一款电子商务网站时，开发团队应该考虑到网站界面需要清晰明了，以便用户能够轻松地找到他们需要的商品并进行购买。

2. 如何在产品设计中考虑用户的心理变化

电商产品在做数据分析时，常常会用到跳出率这个概念。跳出率是指一个用户访问一个页面离开次数与总访问次数的百分比。通过分析跳出率的高低，可以准确地判断该页面的受欢迎程度，跳出率高说明该页面不受用户喜爱，跳出率低则说明该页面比较受用户青睐。

为了降低跳出率，通常的做法就是标记用户的访问热点区域和访问页面轨迹，分析什么样的内容及什么样的交互设计才能迎合用户的心理变化，从而得出产品的优化方向——调整甚至推翻产品原来的设计方案。

如果不了解用户的心理变化，无论我们如何调整都将适得其反，有可能新的方案效果比原有方案效果更差，这又是为什么呢？要想彻底搞清楚这些逻辑，我们有必要进一步了解产品设计中用户的心理变化。

产品心理学把常见的用户心理变化分为三种：主动的认知态度变化、被动的行为变化、本能的习惯偏好变化。

（1）主动的认知态度变化

大多数应用程序的菜单都采用底部布局设计，且包含 4 或 5 个菜单图标。这种产品布局也是最常见的设计风格。也许我们会疑惑：为什么要采用这种设计风格？是谁建立了这种最初的用户认知？除此之外，还有没有其他的设计风格？当然有，我们也看到一些做了页面悬浮或者左上角收起的菜单设计，那为何用户又接受了呢？

从产品心理学的角度来看，这其实是利用用户主动认知态度的变化来引导用户的使用习惯。因为用户本身不确定自己的喜好，一旦有新的事物出现，他们必定争先追逐，使用即喜欢，喜欢即习惯。因此，在产品设计中，产品经理应该习惯打破用户的固定思维，时刻抓住用户的主动认知态度变化。

（2）被动的行为变化

"行为"即举止和动作，是指从思想中表现出来的外在活动。产品经理设计一款产品的本质是试图被动地驱动用户行为改变，尤其是在推出新产品或新功能时，往往会出现用户难以接受的产品使用体验。为了改变用户的不适应行为，福格行为模型（见图 1-3）提供了三个条件：动机、能力和提示。只有当动机、能力和提示同时出现时，行为才会发生。其中，动机是做出行为的欲望，能力是执行某个行为的能力，提示则是提醒我们做出行为的信号。

一款产品更新后，用户很难接受或者短时间内无法快速适应新的产品功能。用户通过问题反馈将疑惑反馈给产品经理。为了解决用户不能接受的问题，产品经理通过产品培训、用户一对一访谈和操作手册等方式，解答用户的疑惑。最终，用户接受了新的产品特点。将这一行为进行拆解，具体如下。

- 行为：产品经理通过产品培训最终解答了用户的疑惑。
- 动机：如何解决用户无法接受产品更新的功能特性。
- 能力：产品培训、用户一对一访谈及操作手册。
- 提示：用户难以接受或者短时间内无法快速适应产品功能，通过问题反馈把功能疑惑反馈给产品经理。

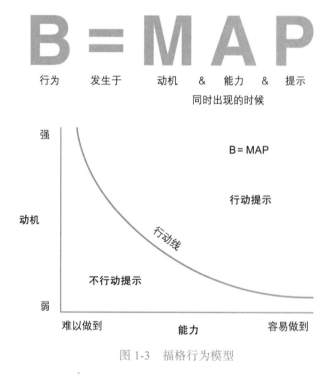

图 1-3　福格行为模型

在这个案例中，只有当这三大要素同时出现时，才能最终解决用户的疑惑。如果其中任何一个要素没有出现，那么就很有可能不会发生这个行为。

因此，在产品设计中，要想被动地驱动用户行为发生改变，一定要满足以上三个条件：动机、能力、提示。三者缺一不可，否则就不能有效地驱动用户行为发生变化。

（3）本能的习惯偏好变化

本能是指一个人表现出的不学即会的行为反应。这种本能是与生俱来的，改变相对较难，但并不是不可能。在研究用户心理学变化时，产品心理学也经常探讨习惯偏好的变化。

本能的习惯偏好变化指的是看似本能存在的行为习惯其实不是一成不变的。因为旧事物的存在过于强大，一旦新事物带有颠覆性创造，新的本能的习惯偏好就会取代旧的本能的习惯偏好。

笔记本电脑是一种非常方便的移动电子设备。在过去，我们使用笔记本电脑时通常需要使用鼠标作为输入设备。但是，自从 MacBook 出现后，我们的使用习惯就发生了变化。我们发现，不使用鼠标也能自如地使用 MacBook。这是因为 MacBook 的触摸式操作设备颠覆了传统的鼠标，使得我们可以方便地进行各种操作。

1.4　产品心理学的价值

为什么要学习产品心理学？它的价值到底在哪里？这是本节将要深入讨论的话题。综合分析产品经理这个职业的特点，可以把产品心理学的价值归纳为如下三方面：理论指导价值、实践应用价值、人才培养价值。

1. 理论指导价值

从互联网产品经理理论知识的发展来看，目前正在形成一套系统、全面、细分的产品理论知识框架体系。当前，从产品工具书籍到 B 端和 C 端产品细分培养指南，再到各种产品思维速成方法论，都在为产品经理的职业发展提供理论基础。作为把产品设计和心理学融合在一起的一门学科，产品心理学理应成为产品经理知识框架体系中不可或缺的重要组成部分。

与其他产品理论知识相比，产品心理学具有更深层次的价值。为什么这么说呢？首先，产品心理学是一门研究用户心理的学科，相对来说，业界缺乏针对用户心理的研究内容。同时，它也是第一门将心理学和产品设计相融合的学科。其次，产品心理学不仅揭示了心理学现象在产品设计中的体现，还指导产品经理在产品设计中应用心理学知识。最后，通过学习产品心理学，产品从业人员还可以养成了解用户心理的思维方式。

当前许多产品学者正在为产品心理学领域辛勤耕耘，为其添砖加瓦。相信不久的将来，将会形成产品经理知识框架中缺少的产品心理学知识体系。

2. 实践应用价值

在产品设计中，产品心理学的运用无处不在，小到一个气泡提示设计，大到一个产品解决方案设计，都隐藏着产品心理学，下面结合具体案例进行介绍。

（1）删繁就简——最复杂的产品简单化

产品设计应遵循简单、有效的原则，通常被称为奥卡姆剃刀原理。这个原理的核心原则是"如无必要，勿增实体"，即"不要浪费更多的东西去做一些用更少的东西就能完成的事情"。用产品经理可以理解的语言来说，就是"如果有多种方法可以实现相同的设计目标，那么就应该选择最简单的设计方式"。

案例解读：百度、360、搜狗是国内的三大主流搜索引擎，为什么如此浩瀚的互联网信息搜索平台，只提供一个简单的搜索入口？这正是奥卡姆剃刀原理的实际应用：少即是多。这种最复杂的产品简单化设计，可以有效地抑制用户容易转移注意力的习惯心理。

（2）渴望沟通——社交在产品设计中的泛滥

人是具有社会性的，孤独是人的一种心理表现。人们渴望社交，任何时候都离不开沟通。正是基于这样的需求，各种互联网社交软件得以发展壮大。

案例解读：在电商产品中，用户评论的设计解决的是一种认同或者产品购买确定性的补充心理；在社交产品中，熟人或者陌生人社交解决的是一种在孤独、寂寞时渴望有人聊天的心理；而职场产品的设计解决的是一种职场社交的需要，即在同类的职场人中找到确定的职场信息的心理。

（3）营造故事——容易引起情感共鸣

讲故事是传播知识的最佳途径。通过将知识故事化，可以使枯燥乏味、高深难懂的知识体系变得简单易懂、易于传播。例如，"罗辑思维"和"樊登读书会"都是通过故事化的方式，成功地传播了一些晦涩难懂的知识。

案例解读：一般企业官网都会设计合作伙伴版块，这种设计的目的其实就是制造故事。在产品设计的过程中，不仅仅只是满足需求，更重要的是营造一些故事情节，引发情感共鸣。

（4）烘托氛围——用音乐打动人

在产品设计中，植入音乐是一个很有创意的设计。音乐不仅可以营造氛围和增强品牌形象，还可以帮助用户更好地理解和使用产品。此外，音乐还可以为产品增添一些趣味性和个性化。通过植入不同的音乐，产品可以适应不同的用户和场景，从而提升用户体验和产品价值。

案例解读：短视频社交平台的兴起，其中最重要的因素之一是丰富的音乐设计。通过音乐设计，可以调动用户的情感，引发情感共鸣，做到情景交融。

3. 人才培养价值

从产品经理的职业发展来看，当前产品经理的知识体系是不够完整的，尤其是关于产品设计中用户同理心的思考。基于此，产品心理学试图把思考用户的心理变化及一般行为规律提升到产品设计的理论和实践高度，旨在帮助产品经理了解用户的心理变化过程。

产品经理在学习产品设计时，通常包括两部分实践：第一部分是学习如何使用工具，如何设计原型，如何撰写需求文档，如何开评审会议，如何做项目管理，如何落地运营推广，如何进行数据分析及如何有效地进行产品复盘；第二部分是学习商业模式，搭建业务模型，进行用户调研和市场调研，以及跟踪竞争对手产品。

在这两部分实践中，虽然提到用户调研，但用户的心理活动及一般行为规律是怎样的，大部分产品经理在实际的用户调研过程中很少涉及，为何会有这样的现象？其根本原因是在产品设计过程中，产品经理的主观判断、设计习惯及模仿抄袭占据绝大部分，而对于用户心理变化过程的思考不多，甚至不重视。

因此，产品心理学的价值还包括人才培养价值，为产品设计人员学习并掌握产品心理学知识，以及把产品心理学常识应用到实际的产品设计中贡献微薄的力量。

第 2 章

产品设计中的用户心理学

产品设计是一场与用户心理做博弈的过程。只有深入挖掘用户的心理痛点、探寻用户的心理预期、设想用户的心理需求以及了解用户的心理动机，才能开发出受欢迎的产品。

越接近用户，越接近产品增长，这是产品心理学模型所提倡的核心理念。了解产品的使用者对于产品设计至关重要。如果说用户同理心模型只是回答如何成为用户的实践思考，那么用户心理学则是进一步探索成为用户后需要升华学习的用户底层逻辑。

本章首先介绍用户心理学的三个基础——认知心理学、动机心理学和行为心理学之间的关系，以及这三个基础在产品设计中的应用。接下来，进一步介绍产品设计的核心原动力——用户同理心模型，以及产品设计的底层逻辑——用户心智模型。最后，通过对用户心智模型的学习，帮助产品经理找到产品设计的终极目标——用户心流体验。

2.1 用户心理学三元基：认知心理学、动机心理学、行为心理学

产品经理在日常工作中有很大一部分时间在做用户调研。用户调研通常是问卷调查或实地座谈，很少关注用户的心理变化。本节将从用户心理角度出发，尝试进行一次用户心理调查的旅行。

作为产品经理，我们是否曾经思考过用户在使用一款产品时的心理状态？为什么用户会反馈产品的优劣？为什么用户会在同一类型的产品中选择其他产品？用户的认知标准是什么？是什么动机促使用户做出这种选择？

要想解答以上疑问，可以从用户心理学角度出发。用户之所以会产生以上行为，是因为用户心理学三元基在推波助澜，即通过认知信息加工，辅以动机逻辑原理，驱动用户形成行为思考。然而，三者既可独立存在，又可承上启下。当三者独立存在时，各自产生作用；当三者承上启下时，共同促使用户做出千变万化的行为选择。

如图 2-1 所示，用户心理学三元基阐述了认知心理学、动机心理学、行为心理学三者之间的承上启下关系。认知心理学客观反映人脑接受信息、感知、处理的过程；动机心理学激发用户的某种行为发生；行为心理学则进一步把这种认知不可捉摸、动机不可度量转换为某种行为去付诸行动。

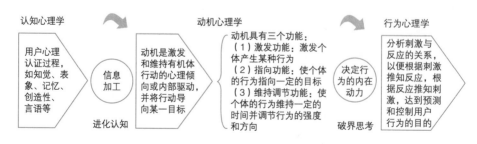

图 2-1　用户心理学三元基

1. 认知心理学

认知心理学运用信息加工观点来研究用户认知活动，其研究范围主要包括用户知觉、表象、记忆、创造性、言语等心理或认知过程。

用户存在心理认知是因为在用户的大脑深处存在一个物理的信息加工系统。该系统由感受器、加工器、记忆器和效应器四部分组成。其中，感受器接收外界信息，加工器按照某种符号结构处理信息，记忆器存储信息，而效应器最后做出认知反应，如图 2-2 所示。

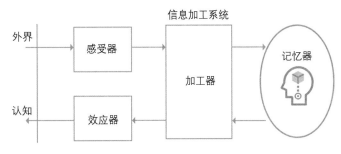

图 2-2　信息加工系统原理

可见，用户在使用一款产品之前，就已经在认知信息加工系统中对所接收到的信息进行了复杂的逻辑思考。这也就不难回答我们上述所提的问题：为什么用户会反馈产品的优劣？为什么用户会选择优秀的产品？

例如，在产品设计中，使用红色消息气泡通知是认知心理学最恰当的实践。无论是 Web 后台系统还是 App 移动应用，我们常常习惯用红色气泡图标表示信息通知。当用户看到红色气泡通知时，会自然而然地单击气泡浏览信息。从认知心理学来看，这个事件经历了一系列连续阶段的信息加工处理，并在不同的阶段有不同的加工逻辑。简单地说，首先红色气泡及其他有关刺激的信号进入用户的视觉系统被登记，其次，在用户的注意力作用下，红色气泡得到识别并转到短时记忆。与此同时，红色气泡消息会与用户记忆中的信息进行匹配，然后根据红色气泡消息提示做出点击反应。

2. 动机心理学

动机是在目标或对象的引导下，激发和维持个体活动的内在心理过程或内部动力。动机是一种内部心理过程，不能直接观察，但可以通过任务选择、努力程度、活动的坚持性和言语表示等行为进行推断。动机必须有目标，目标引导个体行为的方向，并提供原动力。

动机具有三个功能：激发功能、指向功能和维持调节功能。激发功能激发个体产生某种行为，指向功能使个体的行为指向一定的目标，维持调节功能使个体的行为维持一定的时间并调节行为的强度和方向。

例如，在产品设计中，签到功能应用了动机心理学，推动用户在一定的目标诱惑下毫不犹豫地完成签到任务。尤其是采用连续模式的签到设计更是把动机心理学的三个功能应用得恰到好处。

在实际的产品体验中，产品设计者经常会使用各种 App 的签到功能。通常采用每日签到和连续签到机制，赠送不同的奖励。有时候还会根据不同的节假日增加奖励力度。如果我们拆解签到设计的动机心理学应用，可以这样分解：由于签到可以获得流量，因此激发了用户签到的动机。通过连续签到还能获得更多流量，用户便把签到获取更多流量的目标指向连续签到。同时，这种签到活动具有时效性，在一定的时间内，用户具有强烈的签到动机。

3. 行为心理学

相较于认知心理学和动机心理学，行为心理学强调研究用户心理活动时应该关注看得见、摸得着的客观事物，而不是研究人的心理意识、精神活动等不可捉摸、不可接近的虚幻事物。

这也符合用户心理学三元基的观点，即将认知心理学、动机心理学和行为心理学三者结合起来。用户做出任何反应都是从认知角度出发，再到动机反应，最终表现为实际看得见的行为。

前面提到，一个行为的发生一定是遵循动机、能力、提示三个要素，这也是福格行为模型所阐述的行为发生的三个条件。从行为心理学的角度来看，还可以增加两个对行为产生影响的因素：一个是巴甫洛夫条件反射，另一个是操作性条件反射。

巴甫洛夫条件反射又叫经典条件反射。它是由俄国生理学家伊凡·巴甫洛夫提出的。巴甫洛夫条件反射最初是研究动物消化现象时发现的一个反应，即狗对食物的一种特征反应：分泌唾液。实验内容是在给狗投放食物的同时给予一个中性的刺激，如响铃，这个刺激本身并不能引起狗的唾液分泌。随着实验的进行，狗会逐渐在没有食物只有响铃的情况下自动分泌唾液，如图 2-3 所示。

图 2-3　巴甫洛夫条件反射

巴甫洛夫条件反射被运用到行为心理学领域中。它强调通过一个中性刺激与条件刺激的配对，最终引起原本只有在条件刺激的作用下才能引起的反应。基于此，美国心理学家和行为主义心理学创始人约翰·华生在他的《行为主义观点的心理学》一书中系统地阐述了行为心理学的理论体系。

他认为，一个行为的发生是由非自愿行为所决定的，并将经典条件反射定义为所有行为产生的最基本单位。这意味着所有行为都可以通过分析来还原为一个个巴甫洛夫条件反射。

我们来举例说明巴甫洛夫条件反射在产品设计中的应用，即非自愿行为的应用。传统的线下购物由"人""货""场"三个条件构成。其场景是消费者到商店（购物中心、商场、便利店、杂货店）挑选商品，加入购物车，到收银台结账完成购物。线上购物产品也是按这样的流程进行设计的。其购物流程为：产品陈列（首页概况或者分类展示）→挑选商品→加入购物车→提交订单→订单结算→完成购物。

有没有想过为什么一提到购物产品设计时，就会想到购物首页、商品分类、购物车、提交下单、订单结算，而且产品模式和设计流程也是千篇一律？这其实就是一种巴甫洛夫条件反射。

线下购物场景是一个条件刺激所产生的反应，因为这样的购物模式天然存在。每当想到线上购物，其实就会想到线下购物。其中线上购物是一个中性刺激（铃铛），线下购物是一个条件刺激（狗粮）。两者相结合也会产生条件反射（狗流口水），即相同的购物流程设计。

为什么会呈现这样的结果？这是因为产品设计者在线下购物模式的长期影响下，脑海中已经深深地记住了这种模式，以至于在做线上产品设计时，就算不联想到线下购物，也会按线下购物模式设计产品。

操作性条件反射是由美国心理学家斯金纳命名的。与巴甫洛夫条件反射相反，它是一种由刺激引起的行为改变，与自愿行为有关。斯金纳箱实验（见图 2-4）是在一个箱子内放一只小白鼠，小白鼠可以自由活动，箱子内有食物托盘、按键和操纵杆。小白鼠可以通过操纵杆或按键从食物托盘中获取食物。实验发现，动物的学习行为是随着一个具有强化作用的刺激而发生的。当动物获得食物后，按压操纵杆和按键的次数大大增加。

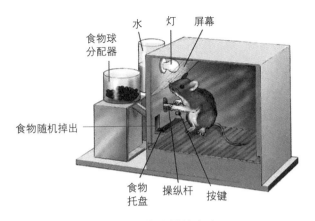

食物球
分配器

水　　灯　　屏幕

食物随机掉出

食物
托盘　　操纵杆　　按键

图 2-4　斯金纳箱实验

　　我们可以举例说明操作性条件反射在产品设计中的应用，比如产品设计中的"拉新功能"。一款产品针对拉新功能会推出不同的奖励梯度，例如拉新 1 人奖励 5 元红包，拉新 5 人奖励 50 元红包，拉新 15 人奖励 150 元红包。其中每一次拉新获取的红包奖励都是一次操作性条件反射。用户会在持续的红包奖励中不断地进行用户拉新。从产品设计的逻辑来看，这种促使用户产生拉新注册的行为就是一种自愿的操作性条件反射。同样的产品设计模式还有拼多多的砍一刀设计、滴滴打车邀请用户助力优惠等，限于篇幅，此处就不一一展开说明了。

2.2　用户同理心模型：创造产品的核心原动力

　　在日常工作中，经常会听到一些有经验的产品经理对刚入行的新人提出建议：做产品经理一定要懂得用户思维。那么，何为用户思维？简单来说，就是一种用户同理心。那么，用户同理心又是什么呢？它本是一个心理学概念，基本意思是一个人要想真正了解别人，就要学会站在别人的角度来看问题，也就是用户在日常生活中经常提到的设身处地、将心比心。

用户同理心要求产品经理必须站在用户的角度去思考用户的需求，真正去理解和感受用户的思维方式、心境情绪、喜怒哀乐以及孤独恐惧。在产品心理学中，有一套从用户角度思考用户行为模式的模型，称为用户同理心模型，如图 2-5 所示。它的核心理念是：越接近用户，越接近产品增长。该模型包含如下四个方面：定义目标用户，接近并了解用户，熟悉目标用户，成为目标用户。

图 2-5　用户同理心模型

1. 定义目标用户

在设计一款产品时，必须找到其核心用户定义，即用户是谁、有什么喜好、有哪些痛点和需求，以及在什么场景下需要什么样的功能。这是用户同理心模型首先要搞清楚的事情。如果无法确定核心用户，就无法真正站在用户的角度，设身处地地为用户着想。

任何一款产品都具有用户分层。在定义用户时，常按不同维度进行分层，例如在一款移动音乐 App 中，可以根据年龄层次和喜好进行定义，如 80 后喜欢王菲和张信哲，90 后喜欢周笔畅、李宇春和薛之谦。当然，也可以按曲风进行定义，如民族风、田园风、复古风、嘻哈风、说唱风等。

定义目标用户是用户同理心模型的基础。只有定义清楚用户分层和分群，才能够依赖用户同理心模型做好用户的心理研究。

2. 接近并了解用户

在定义目标用户后，下一步就是如何接近并了解用户。接近并了解用户的方法一般是用户调研，如用户访谈、调查问卷、观察用户和数据分析等。

接近并了解用户遵循一套法则，即 10-100-1000 法则。

- 10：调研 10 个用户需求。
- 100：倾听 100 个用户心声。
- 1000：收集 1000 个用户反馈。

接近并了解用户是用户同理心模型中的重要一环，没有捷径可走。产品经理不可能想当然地认为能够理解用户所有的思考，也不可能设计一款产品满足所有用户的需求。10-100-1000 法则本质上只是解决用户通用性痛点和需求。

在接近并了解用户的过程中，面对用户不断变化的心理过程，产品经理能做的就是实时洞察用户需求变化，遵守 10-100-1000 法则找到用户迫切需要解决的问题。

3. 熟悉目标用户

接近并了解用户的目的是进一步熟悉目标用户。尤其是当产品经理面对海量用户时，需要不断变换身份、角度、环境和场景，以理解各种用户群的使用场景和需求。

熟悉用户的通用思路是：首先通过面对面的用户调查，倾听用户描述的问题；然后将产品过往统计的用户数据全部调出来进行分析，提炼产品的核心功能，从而形成用户画像，并进一步对产品的用户进行分类管理。

用户同理心模型提供了一套用户分类管理方法，称为用户矩阵法，如图 2-6 所示。

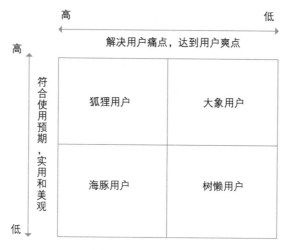

图 2-6 用户矩阵法

- 狐狸用户：真正能够提出产品痛点、爽点，关心符合使用预期及实用和美观的用户。
- 大象用户：过度考虑产品使用预期及实用和美观，不关心是否能够解决痛点和爽点的用户。
- 海豚用户：过度考虑解决产品痛点、爽点，不关心是否符合使用预期及实用和美观的用户。
- 树懒用户：既不考虑是否解决产品痛点、爽点，又不关心是否符合使用预期及实用和美观的用户。

用户矩阵法能够帮助产品经理快速找到目标用户（狐狸用户），通过对狐狸客户的深度分析，能够找到解决用户痛点、爽点，符合用户预期及实用和美观的产品方案。

4. 成为目标用户

成为目标用户意味着产品经理需要在某些情境下把自己的思维转变为用户模式，或者说，把自己视为一个用户，这样才能够达到设计产品的最佳状态。

要真正成为目标用户，可以从两个方面来考虑：一是像蘑菇一样思考，二是让自己成为门外汉。

"像蘑菇一样思考"讲述了一个精神病人的故事。这个病人每天什么都不做，只是打着一把伞蹲在一个角落里。别人来架他也不走，天天待在那儿。所有医生都认为这个病人没救了。直到有一天，一位心理专家拿着一把一模一样的伞蹲在他身边，什么都不说。一个星期后，这位精神病人终于忍不住向专家凑了凑，说了一句话："难道你也是蘑菇？"

这个小故事想要传递什么样的道理呢？其实，作为产品经理，需要扎根于"用户蘑菇群"，了解用户的心理需求。就像心理医生需要潜入病人的生活一样，久而久之，就可以用他的方式来思考，只有这样才能迅速了解病人的心理问题所在。

真正成为目标用户的最高境界就是把自己当成一个门外汉。产品经理需要把自己当成一个小白，放下心里所有的杂念，当成一个什么都不会的用户来使用产品。不用思考过多烦琐的交互设计和逻辑场景，就像在自己家里一样，我们清楚地知道家里的物件摆放位置和生活用品陈列位置。如果能够做到这样的用户体验，则说明我们的产品达到了用户心理预期。

用户同理心模型是产品心理学的核心内容，掌握用户心理学模型即开启了产品心理学的入门之路。在后续的学习中，希望大家始终牢记用户同理心模型的核心理念：越接近用户，越接近产品增长。这也是本书想要真正传达的中心思想。

2.3　用户心智模型：产品设计的底层逻辑

什么是"心智"？从字面意思来理解，"心"即代表"内在"，"智"则是指"智力"或"智能"。简而言之，心智是用户心理和智能的表现。再简单来说，一个人的心智指的是他所有思维能力的总和，包括感受、观察、理解、判断、选择、记忆、想象、假设、推理等，以此来指导其行为。

1. 常见的用户心智

在产品设计中，常见的用户心智包括攀比心智、炫耀心智、贪婪心智、冲动心智、从众心智、好奇心智。

（1）攀比心智

通常来说，攀比心智是个体自身与其参照个体之间存在极大的相似性，但想要比对方更好的嫉妒心理。

比如芝麻分产品设计，虽然只是对用户信用等级做出区分，但由于有分数的差异对照，很容易使用户之间产生攀比心智。我们来简单剖析芝麻分的等级模式，目前一共有五个等级，分别是较差、中等、良好、优秀和极好。虽然这样能够对用户进行区分，但很难引导用户提升信用等级。为什么这么说呢？因为如果同一个信用等级没有一个分数作为参考，用户之间就无法通过对比产生差异。例如良好等级，如果所有人都是良好的，那么彼此之间的良好就很难形成鲜明对比，也就无法激励用户提升等级。

但是，如果在等级的基础上叠加分数作为标尺，比如，让现有的等级对应不同的分数，即较差为350～550，中等为550～600，良好为600～650，优秀为650～700，极好为700～950，同样一个等级就可以通过分数的不同来进行区分了。同时，这样的设计能够推动用户提升芝麻等级。而推动用户提升芝麻信用的直接原因就是攀比心智。

（2）炫耀心智

《奢侈病》一书的作者罗伯特·弗兰克对炫耀性消费的洞察是："所谓炫耀性消费，指的是别人看得到的，被我们拿来当作个人身份地位象征的消费品，但这些消费品并非来自其客观的价值，而是来自别人对该消费品的评价。"这本质上就是一种炫耀心智的体现。

产生炫耀心智的原因十分复杂。从主观上来讲，用户产生炫耀心智的原因是想寻求周围人群的认可，提升自己的优越感，但其背后更多地透露了用户内心的自卑感。从客观上来讲，炫耀心智既是一种攀比的心智，也是一种用户本能的庸俗表现。

用户的炫耀心智为产品设计提供了天然素材。以微信红包封面设计为例，一般情况下，我们只能使用默认的红包封面。但是，微信团队为了增强用户的个性化体验，设计了红包定制功能。因此，一些有创意的用户设计了带有企业或个人色彩的红包封面。当他们向朋友发送红包时，就会使用自己定制的红包封面。当朋友领取红包时，发现封面的与众不同，就会好奇是怎么来的。这正是用户炫耀心智的体现。

（3）贪婪心智

俄国作家普希金在其作品《渔夫与金鱼》中描述：渔夫捕到一条会说话的金鱼，金鱼说把它放生就能满足渔夫的愿望，但渔夫的妻子总是不满足，向金鱼提出了一个又一个要求，最后，无休止的追求变成了贪婪，从最初的清苦，到拥有辉煌与繁华，最终又回到从前的贫苦。这个故事告诉我们，追求好的生活没有错，但关键是要适度，过度贪婪的结果必定是一无所获。

这里举个产品设计中的例子来说明贪婪心智的表现。相信大家都参加过用积分兑换产品的活动，尤其是分销类 App 中使用积分兑换各种产品的活动。消费者普遍会这么认为："既然消费要送积分,与其直接花钱购买非急用的产品,还不如先购买急用的产品,通过购买急用的产品获取积分后再去兑换非急用的产品"。

逻辑上看起来这没有问题,但通过积分去兑换产品实际上是一个设计陷阱。首先,产品设计不允许消费者使用等价的积分去兑换等价的产品。其次,产品设计从用户贪婪的心理出发,采用高价积分模式,即想要获得更多积分就需要消费更多。最后,消费者通过积分兑换的产品实际上要比直接购买更加昂贵。当然,有的消费者也会认为买了急用的产品再获得非急用的商品其实已经很划算了。但是仔细想想,为了获得积分,消费者不断消费,这是商家乐于看到的消费模式。

(4)冲动心智

从心理学角度来看,冲动心智是一种突然爆发、盲目且缺乏理智、没有清醒认知到后果的人格缺陷的体现。冲动心智常常表现为自身没有任何强烈需求,由外界刺激引起,靠情绪带动,且具有不可控制的冲动行为,同时又缺乏意识能动调节作用。图2-7所示为用户冲动心智模型。

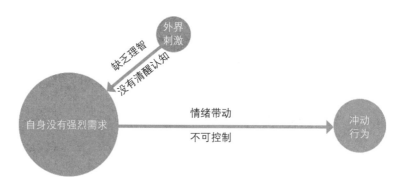

图2-7 用户冲动心智模型

通过用户冲动心智模型可以发现,在日常生活中,关于用户冲动心智的产品设计多如牛毛。我们举一个简单的例子:唯品会的购物车商品20分钟倒计时设计。相较于其他电商产品而言,这种购物车设计模式更容易激

发用户的冲动消费。常规的用户购物行为路径为：选择商品，加入购物车，
有需求再提交订单，然后发起支付，支付成功，线上购物完成。如果没有
需求，商品则留在购物车中，等待下次需要时再重复上述行为。然而，唯
品会的产品设计并非如此。当用户将商品加入购物车后，就开始 20 分钟的
倒计时。20 分钟之后，我们没有选择提交订单，则该商品就失效。它的高
明之处在于这 20 分钟的时间紧迫感的刺激。即使用户原本没有多大需求，
也会因为 20 分钟的失效限时而稍加考虑。如果用户定力不够，则会在短短
的时间内选择提交订单，进而成功交易。

在现实生活中，单一决策个体是介于完全理性与非理性之间的有限理
性的个体。个体的心理位移受制于理性因素和冲动因素。顺从理性因素则
倾向于理性决策，顺从冲动因素则倾向于感性决策。因此，用户冲动心智
是一种感性决策，在产品设计领域具有广泛的应用场景。

（5）从众心智

美国人詹姆斯·瑟伯用了一段十分传神的文字来描述人的从众心智：
"突然，一个人跑了起来，也许是他猛然想起了与恋人的约会，不管他想起
些什么，反正他在大街上跑了起来，向东跑去。另一个人也跑了起来，这
可能是个兴致勃勃的报童。第三个人，一个有急事的胖胖的绅士，也小跑
起来……10 分钟之内，这条大街上所有的人都跑了起来。"

这就是从众心智的力量。从心理学上理解，从众心智是指个体在真实
的或臆想的群体压力下，在认知或行动上以多数人或权威人物的行为为
准则，进而在行为上努力与之趋向一致的现象，也就是通常所说的"随
大流"。

举两个非常有意思的从众心智的心理学实验：一个是"电梯从众实验"，
另一个是"阿施从众实验"。

如图 2-8 所示，"电梯从众实验"是指一个人走进一部电梯时，他按

自己的方式选择面对电梯，而电梯里面的人都背向同一个方向或者都做相同的动作，不一会儿，走进电梯的人也会随着这一群人背向同一个方向或者做相同的动作，后面进入电梯的人都会和电梯里面的人一样做出相同的动作。

"这是咋回事？怎么大家都背对电梯门？" 大叔开始怀疑人生："呃……我看我也转过去好了。" "我要假装看手表，这样转身不会太突然。"

然后轮到一位戴帽子的帅气小哥："我是谁？我在哪？这电梯有毒吗？" "我看我也转过身去好了……" "大家怎么突然又侧过来了？我也配合转90°好了。"

图 2-8　电梯从众实验

如图 2-9 所示，"阿施从众实验"是指 7 个人一起做相同的实验，其中 6 个人是事先安排的演员，另外 1 个人才是真正的被测试者。实验内容是给 7 个人两个纸板，左侧纸板上画了一条标准线，右侧纸板上画了三条对比线 A、B、C。实验要求是从右侧纸板中找出与左侧纸板相同长度的线段，其中只有 C 线是和左侧纸板标准线一样长度的。由于 6 个被测试者都是演员，他们一致认为 B 线才是和左侧标准线一样长度的线段。一开始这个被测试者还能准确判断，但经过多轮测试后，他渐渐怀疑自己的判断，开始跟随其他 6 个人的错误选择。

两个实验结果都指向同一个结论——从众心智，即群体行为会对个体造成压力，并迫使个体做出违反自身意愿的行为。

从众心智在产品设计中也司空见惯，因为过于熟悉所以常常忽略其存在，又或者是认同了存在即合理的思维逻辑。比如电商产品中的评论设计，一个大家比较熟悉的购物场景是：消费者打开某购物 App，搜索事先想要购买的商品，根据图片或标题引导点击进入商品详情页浏览商品信息（关注两个点，一个是商品的销售评价，一个是商品的销售数量），消费者会在评价和销售数量的影响下选择是否购买该商品，如果是好的评价且销售数量较多，消费者会产生购买欲望，反之消费者则会放弃该商品选择其他商品。总体上说，消费者会基于大众对商品的评价和销售数量来判断是否购买该商品。

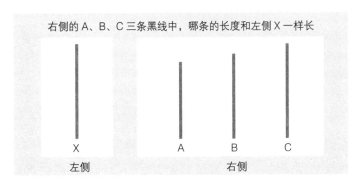

图 2-9　阿施从众实验

以上购物场景实际上是从众心智在潜移默化地影响消费者决策，因为大众消费者天然具有寻找认同点的心理，他们会理所当然地认为既然有如此高的销量和如此好的评价，可见商品必然不会差，于是产生了购买心理。但从众心智其实是有缺陷的，往往消费者在追求大众认可的共同观点时，容易失去个人的客观判断，这也是我们常常会买到不太合自己心意的商品的原因。其实，从众心智在产品设计领域的运用比较广泛，例如视频软件中的点赞和发弹幕、公众号文章留言和朋友圈分享等产品设计，都在渲染从众心智。

（6）好奇心智

牛顿为什么能够从苹果落地的事件中发现万有引力定律？因为他对苹

果落地有好奇的心理。爱迪生因为对创造发明充满好奇，因此在无数次失败后成功发明了电灯。同样，张衡因为对地理研究好奇发明了地动仪。

好奇心是与生俱来的，人们常常会对自己不熟悉的事物产生好奇心理。从心理学的角度将好奇心智定义为："个体遇到新奇事物或处在新的外界条件下所产生的注意、操作、提问的心理倾向。"

为什么用户会产生好奇心智？卡内基－梅隆大学的心理学家及行为经济学家 George Loewenstein 给出这样的解释："好奇心智的产生源于信息差缺口，也就是说，当我们发现自己存在信息差（这种信息差主要体现在我们已知的东西和想要知道的东西之间的差距）时，就会很好奇，为了消除这种信息差缺口，我们想要找到其差距的原因，因此产生了好奇心智。"

更本质来说，好奇心智不在于我们不知道什么，而在于我们已经知道什么。而且研究者发现，当我们知道某个事物但又不太确定的时候，这种好奇心智将会达到高峰，一旦知道其原因后，好奇心智将会降低，再次摄入不同的认知知识后，这种好奇心智又会达到高峰，因此，研究者还发现如图 2-10 所示的规律，即用户的好奇心智与认知知识摄入存在某种最近发展区的状态，且该最近发展区呈现持续动态发展的过程。

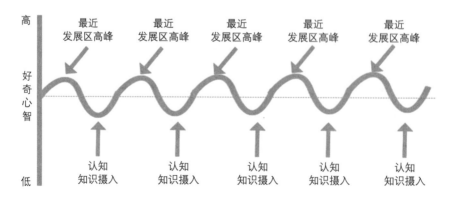

图 2-10　好奇心智最近发展区

我们发现，知识类付费阅读产品设计就是一种好奇心智的实际运用，如小说付费阅读、百度文库付费阅读、知乎文章付费阅读、微信公众号付费阅读等。这类产品的设计都是抓住用户的好奇心智，它们先把前面内容部分当作诱饵提供给用户阅读，再把核心内容部分设置为付费阅读，一旦用户对其产生兴趣，就会直接付费。

大家可能会好奇：为什么这类产品不在一开始就直接设置为付费阅读呢？这是因为好奇心智强调不在于用户不知道什么，而在于用户知道了什么，有了知道作为铺垫，那好奇心智的产生就会变得水到渠成。

2. 何为"用户心智模型"

前面着重介绍了用户的各种心智，以及各种心智与产品的融合设计，其实，最终我们的各种心智将会汇聚成一个心智模型，由它来指导我们产生各种心理思考和行为表现。那到底什么是心智模型？接下来，我们从心智模型的定义开始介绍。

第一种定义：心智模型指认知主体运用概念对自身体验进行判断与分类的一种惯性化的心理机制或既定的认知框架。

第二种定义：心智模型指根深蒂固存在于用户心中，影响用户如何理解这个世界（包括我们自己、他人、组织和整个世界）以及如何采取行动的诸多假设、成见、逻辑、规则，甚至图像、印象。

如果单从字面意思来解释，很难明白心智模型到底是什么。为了便于理解，产品心理学从具象思维的角度对心智模型进行重新定义。所谓心智模型，是指用户基于对过往已知事物的经历、认知和理解，再由大脑依据固有思维模式概括总结所做出的主观判断和间接思考，如图 2-11 所示。之所以是主观判断和间接思考，是因为心智模型不存在绝对的错误与正确，它会根据不同的认知和理解进行循环往复的动态修正。

当我们看到某件物品时，能够在大脑中快速地反应出它具体是什么东西。比如，当我们看到一个圆柱形的保温杯时，为什么我们能理解它就是一个杯子，而不说它是个圆柱体？同时，我们为什么还能判断该杯子是新的还是旧的，是坏的还是好的，颜色是黑色还是白色，以及我们是否喜欢这个杯子？甚至会联想到它大概能装多少水等，这一切都是因为心智模型在操控指导。

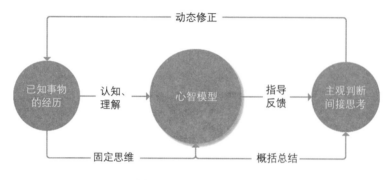

图 2-11　用户心智模型

3. 心智模型的运作机制

心智模型具有一套相对完整的运作机制，所有用户心智的产生都基于该机制的运作。受心智模型的影响，我们常常会做出某些习惯性行为，例如：看到向自己急速驶来的汽车，基于安全心智模型，我们会尝试去躲开；在公园里看到盛开的鲜花，基于美好心智模型，我们会高兴地观赏；触摸到某种尖锐物品时，基于自卫心智模型，我们会立刻收回手指。

美国哈佛商学院名誉教授克里斯·阿吉里斯（Chris Argyris）提出一个著名的"推理的阶梯"理论，包含观察数据、选择数据、赋予意义、归纳假设、得出结论、采纳信念、采取行动。该理论可以完整地描述用户心智模型的运作过程。

1）观察数据：通过经验观察基础（原始）数据。

2）选择数据：基于偏好，倾向提取重要数据。

3）赋予意义：为筛选出来的数据赋予意义。

4）归纳假设：对赋予意义的数据进行假设。

5）得出结论：基于数据假设得出结论。

6）采纳信念：便于下次提取数据时调整并建立某种信念。

7）采取行动：根据建立的信念采取行动。

产品设计中也常常会运用"推理的阶梯"理论，比如退出登录二次确认、停用/启用操作确认等。当用户进行操作时，其实经历过"推理的阶梯"的全部阶段，只是我们习惯于记住开始的观察数据和结尾的采取行动两个阶段。接下来，我们尝试以"停用/启用操作"为例进行说明。

1）观察数据：根据过往经验，明确知道映入眼帘的是一个停用/启用的确认对话框。

2）选择数据：在对话框中习惯于提取停用/启用的信息说明，以及"取消"或者"确定"按钮。

3）赋予意义：为提取出来的信息赋予意义，如取消则关闭窗口，确定则操作成功。

4）归纳假设：对上述赋予意义的信息进行假设，如果没有单击"确定"按钮，是否本次操作不会成功，如果单击"取消"按钮是否关闭了停用/启用的确认对话框。

5）得出结论：经过归纳假设，得出结论：单击"取消"按钮则关闭了停用/启用的确认对话框，单击"确定"按钮则本次操作成功。

6）采纳信念：通过得出结论，能够对下次操作提供参考，下次再遇到该对话框时，就能明白每个按钮的具体功能。

7）采取行动：根据结论指导和信念建立，做出行动，如果想要操作停用/启用，则单击"确定"按钮，如果不想操作停用/启用，则单击"取消"按钮。

依据"推理的阶梯"理论，我们可以对所看到的外界事物快速做出反应，并通过每一次循环往复的反应在大脑中建立起心智模型，与此同时，该心智模型还将指导我们观察、思考、决策和行动。产品心理学将这种指导我们行为的方式叫作心智模型的运作机制，它包括认知框架、思想路线、行动导向三个方面的内容，如图 2-12 所示。

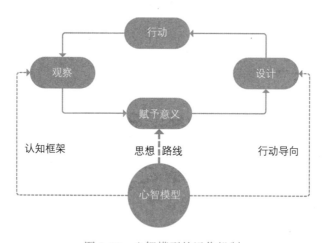

图 2-12　心智模型的运作机制

（1）认知框架

心智模型为我们提供了一套观察世界的认知框架，它就像一份写着满分答案的试卷，当我们遇到各种问题或面对自己不确定的事物时，我们会习惯于从这份认知框架中寻找答案。认知框架是一套动态更新的知识库，我们会把最新的认知信息补充到认知框架中，把过时的认知信息清除，这也是我们看见某个事物就能在瞬间辨别事物的各种信息的原因。

需要注意的是，每个人的认知框架体系是不一样的，就算面对同一个事物，由于心智模型不一样，得出的结论也大相径庭，"仁者见仁，智者见智"说的就是这个道理。

（2）思想路线

我们是基于认知框架的信息提取得出结论，因此对外部事物的认知其实并不是一个被动的客观反应，而是经过了从认知框架体系中提取信息的主动过程，并在此基础上做出合理的假设，想象并按照一定的逻辑规则进行各种推理，最后再做出决策和判断。我们把这一过程叫作心智模型运作机制的思想路线。哪怕是胡思乱想，其实也是有一定的思维路径的。

例如，我们使用支付宝给朋友转账，在进行对方账号确认时，我们会反复进行确认。为什么会有反复确认的过程？表面上看是因为怕错，不能转账到对方的账号，但实际上这就是一种心智模型运作机制的思想路线。我们把转账标注为一定要确认对方的账号，就算换一个平台，如线下 ATM 转账、银行 App 转账、微信支付转账，这个过程依然会存在。

（3）行动导向

我们一直强调产品心理学是一项注重实践的知识体系，实践的本质在于行动，心智模型也把行动导向当作运作机制的重要一环，并指出心智模型不仅仅影响我们如何理解事物的本质，还将指导我们如何采取行动，这一点在"推理的阶梯"理论中也有同样的论述。

总之，心智模型是一种客观的心理存在，它影响着我们的观察、思考、决策、行动。心智模型并没有绝对的对与错、好与坏，它是我们在漫长的人类进化史中慢慢形成的，它的存在才使我们对这个复杂的世界有一知半解的理解。

4. 心智模型的六大特征

心智模型是人类进化史的直接产物，是一种天然存在的意识形态。不同的人具有不同的心智模型，且伴随着认知的升级会动态补充和完善。有关研究者在长期的观察中发现，用户的心智模型具有某些共同的属性，并基于此提炼出心智模型的六大特征。

1）不完整性。心智模型会随着认知的升级动态地补充和完善，说明其自身是不完整的，需要不断地升级迭代，是一个长期过程且不会停止。

2）局限性。不完整性造就了心智模型的局限性，否则我们在对事物的认知过程中就不会出现偏差，正因为有局限性，才推动了心智模型的不断完善。

3）不稳定性。心智模型具有很强的不稳定性，常常表现为我们会忘记某件熟悉的事情，我们会心情低落、情绪高涨、毫无理由地生气等。

4）边界不明确性。心智模型如同浩瀚的宇宙一样没有任何边界。比如某时某刻我们胡思乱想，假如不去刻意阻止这种胡思乱想，它将会是一个没有任何结束点的自然行为。再比如我们常常会发呆，如果没有外界因素干扰则会一直发呆下去。

5）不科学性。为什么我们会怕鬼（而世间并没有鬼），为什么我们会突然喜欢某种颜色等，这些都体现了心智模型的不科学性，因为在长期的进化中，我们会将主观认知和信仰追求直接投射到心智模型中去。

6）简约性。我们总是习惯于追求简约至上，尽管现实生活中有些事物是不可能做到简约的，但这种刻在骨子里的心智模型会自然而然地推动我们首先考虑事物的简约性。比如，对于产品经理而言，在设计一款产品时，无论是 B 端产品还是 C 端产品，第一印象就是想让这款产品尽可能简约，能够让用户操作便捷。再比如我们在写一篇文章时，为了让读者读起来顺畅，总是习惯于在文章的开头做个简要介绍，在文章的末尾做个总结，这也是一种简约的体现，即浓缩就是精华。

5. 心智模型与产品设计

美国交互设计师艾伦·库珀（Alan Cooper）在其著名的书籍《About Face 4：交互设计精髓》中提到三个重要模型——实现模型、呈现模型、心理模型（见图 2-13），并巧妙地把三个模型进行组合，强调设计一款产品的核心是尽可能地从呈现模型向心理模型靠拢。这里所说的心理模型其实就是用户心智模型。更直白地说，设计一款产品需要尽可能地满足用户心理预期，这也与第 1 章中提到的产品心理学的研究范围高度吻合。

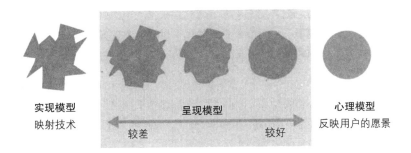

图 2-13　实现模型、呈现模型和心理模型的关系

（1）实现模型

从软件实现的角度来理解，实现模型是一种技术逻辑，强调的是制作一款产品时底层技术的实现，即计算机开发语言的代码实现环节。

（2）呈现模型

在《About Face 4：交互设计精髓》一书中，呈现模型强调的是设计师运用设计的手法（视觉表达、交互样式）把产品呈现给用户。但从产品经理的角度来说，这种呈现模型也符合逻辑，产品经理和设计师的一个重要目标是努力让呈现模型尽可能地匹配用户的心理模型，只是产品经理与设计师的分工不同而已。

（3）心理模型

用户认为必须用什么方式完成工作以及应用程序帮助用户完成工作的方式被称作用户与软件交互的心理模型。但是，让用户直接理解这种原理相对困难，他们需要产品经理和设计师在中间进行沟通。因此，对产品经理和设计师来说，理解用户使用软件的方法非常关键。

　　显然，在实现模型、呈现模型、心理模型中，要做到符合用户心理模型，则需要呈现模型向心理模型无限靠拢。呈现模型越趋近心理模型，用户就会感觉程序越容易使用和理解，呈现模型越趋近实现模型，用户对应用软件的学习和使用能力就越低，其原因是用户的心理模型往往与软件的实现模型存在巨大差异。

　　为了实现这一目标，在产品设计的前期，会先定位用户群体，研究用户的产品需求、使用场景、操作方式、习惯偏好等，这一过程叫作用户画像的收集。通过用户画像的收集，最后整理出来的是用户的心理模型，即用户心智模型。

　　在产品设计中，我们发现用户的心智模型随处可见，如微信聊天软件中的以下功能。

　　1）公众号文章浮窗。公众号是微信体系中的一个内容功能，当用户阅读文章时，如果临时有事或者有其他原因，则会退出阅读。为了解决随时可以阅读文章的需求，微信叠加了公众号文章浮窗功能。

　　2）添加到我的小程序。如果经常使用小程序，打开的小程序过多，下次再找到之前使用的小程序就很难，于是微信在小程序下拉界面中新增了添加到我的小程序功能，这时就可以把常用的小程序添加到此处。

　　3）内容转发给经常聊天的群或个人。内容转发是微信中常用的功能，以往转发给群和个人需要在列表中一个一个寻找，尽管也会把最近转发的排列在前面，但并不好用。为此，微信在最新的版本中把这种列表展示改版为块状模式，既直观又方便。

　　以上三个微信中的小功能都体现了用户心智模型的简约性特征，即用户需要好用、易用的最基本心理需求。此外，微信聊天中内容撤销后可以再编辑等功能也体现了符合用户心理预期的人性化设计。

　　一些基于"红色"设计的产品，如"限时秒杀""低价抢购""多人拼团"等都会采用红色作为主色调，其原因是红色代表激情、火热，而对于此场景下的产品设计强调的是"快"和"准"，正好符合用户心理模型。当然，在其他场景中，红色也被用于提示或警告，它也是符合用户心理模型的。

因而，产品经理把设计人性化产品和抢占用户心智当作重中之重，其实体现的就是一种产品设计向用户心理模型（即心智模型）靠拢的过程，这也如同用户同理心模型所阐述的"越靠近用户，越靠近产品增长"的核心理念，即变成目标用户。

2.4　用户心流体验：产品设计的终极目标

我们是否有过全神贯注地投入某项工作而废寝忘食的状态？我们是否有过专心致志在地铁上阅读杂志而错过了下车的站的情况？我们是否有过在深夜刷着手机直到凌晨依然没有睡意的情况？

当我们全身心地投入某件事情，并由此获得内心的喜悦时，一种极强的满足感悄然潜入我们的内心，而我们自己却浑然不觉。人一旦进入"心流"状态，就会因为过于投入而忘掉自我，甚至丧失意识、感官，感受不到周围时空的变化。

从产品设计的角度来说，如果一款产品能够让用户达到这种心流状态，在使用的过程中能够带给用户极大的快乐和最优的体验，则这款产品就是成功的。

那到底什么是心流状态？它从何而来？有哪些特征？它与我们常说的沉浸体验有什么区别和联系？如何将心流状态融合到产品设计中去？本节将一一回答这些问题。

1.心流状态

（1）什么是心流状态

物理学领域有个词叫"熵"，这里的熵是指人内心的混乱程度，而精神熵是指混乱的自我，以及内心无序的状态，精神熵的反面就是心流状态。

所谓心流状态（也叫心流体验或者最优体验）是指用户从事挑战与技能要求相平衡的任务或活动时，产生的一种积极的心理体验。在心流状态中，用户表现出"有明确的目标、行为与意识融合、注意力高度集中、自我暂时性消失、时间感扭曲、有高度的控制感、精确的回馈、发自内心参与活动"的特征。

心流理论源于心理学研究者对某些艺术工作者为什么热衷于理想的研究。在经过大量、全面的访谈之后，心理学研究者提出了"心流理论"这一概念，并指出一个个体在从事某项活动时，其中的技能和挑战是否相符决定了心流状态能否被引发，当技能和挑战达到某种平衡状态的时候，这个个体才能自然而然地进入所谓的心流状态。

其实我们在做自己非常喜欢且擅长的事情时，很容易体验到心流。例如，小孩子聚精会神地看动画片，无论妈妈怎么叫他吃饭，他也无动于衷；带着 AirPods 听着劲爆音乐跑步的男子，身边的人和事都打扰不到他，跑步所释放的多巴胺让其沉浸在运动的快乐中；躺在沙发上刷着抖音的人，一个视频接着一个视频地刷着，并时不时地哈哈大笑；围棋爱好者与实力不相上下的高手过招；攀岩爱好者踩着岩石奋力向上攀登；产品设计者忘我地投入到设计产品之中。

（2）心流状态的特征

在现实生活中，心流状态无处不在。这种沉浸的状态不分领域、不分工种、不分人群，当我们达到这种状态时几乎都是同样的感受。心理学研究者还发现，用户进入心流状态时会产生某些共同的特征，于是他们根据这些特征将心流状态分为三个阶段——事先阶段、过程阶段和效果阶段，如表 2-1 所示。

表 2-1 心流状态及其特征

心流状态的三个阶段	心流状态的特征
事先阶段（前提）	①明确的目标 ②即时的反馈 ③具有一定挑战的活动
过程阶段（特性）	①行为和意识融为一体，即知行合一 ②全神贯注 ③掌控自如
效果阶段（结果）	①自我意识的消失 ②时间感的改变

（3）如何进入心流状态

"心流基因组计划"研究创始人史蒂芬·科特勒认为，找到心流状态是内在动力的"源代码"。当我们找到心流状态时，大脑的奖励机制会给予我们"最强劲的化学物质"，所以他认为心流状态是这个世界上最令人上瘾的状态。

那么，有哪些方法能够让我们快速进入心流状态呢？我们将其归纳为以下几种。

1）聚焦目标感。目标感是进入心流状态的内在因素，没有目标感的驱动，用户不会有心流状态的起因。比如，罗丹全神贯注地做雕塑而忘记了朋友的存在，其目标聚焦在完美雕刻人物上。倘若不是目标感的聚焦，"心流"就不会产生。产品设计也如此，一款产品能够让用户产生心流状态，聚焦目标感尤为重要，比如，用户聚焦小红书分享购物心得，用户聚焦抖音分享生活碎片。为什么用户要乐此不疲地分享？显然，因为有目标感的回馈，心流体验随之而来。

2）游戏化思维。在游戏中，比较有代表的特征就是等级、分数、排行榜，我们发现几乎所有的游戏产品都具有这些特征，等级不同所获得的游戏增值服务不同，分数的高低和排行榜的先后容易让玩家产生优越心理，从而为心流的产生埋下伏笔。即便是微信这么成熟的产品，我们在"发现"菜单栏中也可以找到游戏的入口设置。

3）尽量简单化。用户心智模型中有一个特征叫简约性，是说用户习惯于用简单与否的心智去衡量事物。比如：把一个产品能够让用户操作简单作为好产品的标准。同样，在心流状态中也强调这种简单化的重要性，产品越简单，越容易使用户产生心流体验。如抖音切换视频的产品设计，我们尝试分析：为什么切换视频不左右切换？视频为什么不做瀑布流的模式？后来发现，只要简单地上下滑屏，就能快速观看下一个视频，这本质上符合用户的简约性心智。

4）消除分心欲。用户的注意力是有限的，很难在不同的心境下很好地完成一个任务。"一心不可二用"也证明了专注的重要性。在产品设计中也应遵循这样的逻辑，在同一个流程中不要加入干扰因素，避免让用户分心。在很多电商产品中这一点做得不够完美，比如提交订单模块夹杂了各种优惠选择，最优体验不是让用户做选择题，而是直接提交订单进入收银台付款流程。

5）体验自我权。在《未来简史》中提到一个概念——体验自我。所谓体验自我，是指为了享受当下体验，要快速进入心流状态，意味着要沉浸在当下。这一点和游戏化思维类似，用户一旦进入某个游戏的兴奋环节，这种体验自我的状态就会出现。产品设计中经常提到要让用户感受沉浸体验说的就是这个道理。

2. 沉浸体验

（1）什么是沉浸体验

在产品设计领域，我们常常会听到"沉浸体验"这样的词汇。尤其是苹果的黑暗模式，很多 App 纷纷加入黑暗模式的沉浸式设计，如微信读书、京东商城、今日头条、知乎等。同样，在游戏产品中，这种体验更加真实，多数玩家废寝忘食，达到痴迷的状态。再比如沉浸式剧场、沉浸式展馆、沉浸式演出、沉浸式餐厅、沉浸式婚礼，都把沉浸式当作一种用户的心理状态。那到底什么是沉浸体验呢？

沉浸体验是积极心理学领域的一个名词，特指用户在进行某项活动时全身心地投入到情景中去，注意力高度集中，并把不相关的信息过滤出去，完全沉浸其中的心流状态的前置。

沉浸体验是一种积极、正向的心理体验，处于沉浸体验状态用户会心情舒畅、愉悦，并常常把这种状态当成一种习惯，比如我们习惯于在安静的环境中创作，我们习惯于带着可以过滤噪声的耳机听歌。

（2）沉浸体验的三个层次

沉浸体验是指完全投入到某种活动或体验中，不受外界干扰的状态。要达到这种状态，需要经历以下三个层次。

1）信息沉浸。这是沉浸的最初阶段，我们往往是因为看到或者接收到某种信息才开始进入沉浸体验，比如我们在某网站看到一款 App 的体验报告中大赞其交互设计，于是我们去下载该 App，在体验的过程中，通过点击不同模块的交互跳转，我们还发现产品的情感化设计，从而沉浸其中。

2）感官沉浸。这是沉浸的中间阶段，信息沉浸的目的是把信息传送到我们的感官层，因为有了对事物的觉察，我们才能进行初步的辨识，过滤掉不能带来沉浸的冗余信息。处于感官沉浸阶段，才能真正体验身体所觉察和眼睛所看到的协同一致性。

3）大脑沉浸。这是沉浸的最后阶段，也可以认为是沉浸体验的指示阶段。通过信息沉浸和感官沉浸最后到达大脑沉浸，这时大脑沉浸会做出指示，告诉身体的每一个感官，每一个接收信息的受体都处于沉浸体验的世界里。

（3）沉浸体验的现实应用

随着对"真实的"现实这个概念的不断侵蚀，虚拟现实（VR）成为影像具有诱惑力的一个极端证明。我们发现，这种把现实世界进行虚拟应用的案例更能增强用户的沉浸体验。

虚拟现实是指利用计算机技术构建一套模拟真实环境的三维空间的虚拟系统。在虚拟世界中，用户能够通过视觉、听觉、触觉等器官感知世界，有一种身临其境、亲临现场的沉浸感。

比如：在某些房产 App 和汽车 App 中，把真实的房屋户型和真实的汽车外观搬进来就是一种虚拟现实的应用，同时还能 360° 环绕观看户型布局和汽车整体内饰，再加上一些音乐和声音的表现则是增强现实（AR）。VR 和 AR 的应用，使得产品在体验过程中因过于真实而让用户产生沉浸体验。

3. 心流体验与沉浸体验的区别

心流体验与沉浸体验，总是令人混淆，目前很多资料和文献都没有讲清楚两者之间的区别和联系。基于此，我们整理了心流体验和沉浸体验的特点，对比如表 2-2 所示。

表 2-2　心流体验和沉浸体验对比

类目	理论层面	应用层面
心流体验	①心流体验是指某种忘我、极致的沉浸体验 ②心流体验强调"自身技能"和"面对的挑战"的平衡，只有两者都进入高强度状态才能到达心流状态	心流体验强调"行为"和"意识"的融合，在产品设计中应用较广。比如微信读书 App 中，把最近阅读的书籍放在前面，把之前阅读的书籍放在后面，这样就能弱化前面阅读的书籍对当前阅读的书籍的干扰，进而让用户在阅读体验中觉察到产品的人性化设计，促使心流产生

（续）

类目	理论层面	应用层面
沉浸体验	①沉浸体验是心流体验的前置，也就是说，只有先进入沉浸体验才能到达心流体验 ②沉浸体验并不受"自身技能"和"面对的挑战"的制约，它是一种从信息沉浸到感官沉浸再到大脑沉浸的用户舒适、愉悦的状态 ③沉浸体验强调现实世界的仿真体验，比如游戏中的地图仿真设计带来的沉浸体验	沉浸体验强调虚拟现实和增强现实的应用。比如微信读书中仿照书籍翻页、纸质书籍背景，以及夜晚读书黑暗模式的设计。因为这些更贴合真实场景，促使沉浸体验的产生

心流体验和沉浸体验既相互区别又相互联系，区别在于两者的侧重点不同，联系在于沉浸体验是心流状态的前置。要达到心流体验势必会经历沉浸体验，但进入沉浸体验未必能到达心流体验。

4. 心流体验与产品设计

心流是指用户从事技能要求和挑战相平衡的任务或活动时，产生的一种积极的心理体验。它主要强调用户与被使用对象（比如互联网产品、阅读一本书、驾驶一辆车、下象棋、爬山、游泳、跳舞等）之间的互动关系，基于此，它与产品情感化设计和产品交互设计具有某些关联。

（1）心流体验与产品情感化设计

唐纳德·诺曼在《设计心理学》一书中指出："用情感融入产品设计，将解决设计师的长期困扰，即解决产品的实用性和视觉性的主要矛盾。"书中还提出认知和情感的三个层次：本能、行为、反思。本能和行为层次是潜意识的，是基本情感的归宿。反思层次是有意识的思维和决断的归属地，是最高层次的情感。而情感化设计则受到这样的反思启发，将用户的情感化作为产品设计的起点。

在心流体验时会使人处于忘我的状态，达到心灵的最大快乐，情感得到满足。这一点与唐纳德·诺曼所提出的将情感融入设计异曲同工，都是强调用户在获得快乐时，情感的表现已经到达了极致。

同样，稻盛和夫的"抱着产品睡觉"也体现的是这种产品情感化设计，从而他在一生的职业生涯中都处于某种心流状态。是否还记得，我们在从事产品经理这个职业时，无数的前辈告诉我们要把产品当作自己的孩子？如果我们倾注了情感，这个产品就一定能成功，这样的成功无处不在强调用户在使用产品时能够带来情感化的心流体验。

（2）心流体验与产品交互设计

产品的交互设计对一款产品的重要性不言而喻。好的交互设计是神来之笔，会对产品起到画龙点睛的作用，能够降低用户操作负担，提高用户使用频率；坏的交互设计则会让产品无人问津。

产品交互设计强调用户使用起来更便捷、更舒心，具体可以表述为产品交互设计是以用户体验为目标的设计。以用户体验为目标，是指一款产品设计出来，是否没有操作门槛，是否好学易用，是否能解决用户的真正需求，达到产品的可用性、有效性、安全性及通用性。进一步来说，这款产品是否能让用户感到满意，是否能让用户在使用过程中产生情感共鸣，达到极致的体验。

心流体验与产品交互设计的目标一致，都是以用户体验为目标，只是前者倾向于极致的内心满足感，后者则是心流体验的基础阶段。

（3）心流体验在产品领域的具体应用

优秀的产品往往能够激发用户的心流体验，结合心流状态的特征，在产品设计领域能够引发用户产生心流体验的 5 个设计要点如下：

- 目标清晰引导。目标的设定，本身就是一种激励。产品设计必须清晰地告知用户什么功能有什么作用，用户一旦清楚了产品目标就会根据目标完成任务，从而进入心流体验。
- 及时有效反馈。反馈是进入心流体验的关键条件之一，用户在使用产品中如果没有任何反馈则无法进入心流状态。比如：当用户进行某项操作时，产品设计需要适当地进行友情提示或错误提示。

- 游戏思维设计。几乎所有的产品都会注重趣味性功能，因为用户容易被生活中的稀缺感、优惠奖励、神秘彩蛋等吸引。游戏思维设计是心流体验的助推器。

- 抓住用户预期。产生心流体验的核心是聚焦用户预期，不要尝试打断用户操作，注重用户情感化设计（比如特定场景下增加音乐、语音提示），降低用户操作负担（操作步骤过多的内容需要进行分布设计），以及增加用户使用动机（奖励式抓住用户）。

- 控制有的放矢。用户天生具有控制的欲望，控制能够增加用户的心理预期，即用户在使用产品过程中能够根据自己的操作提示预知产品的变化。控制有的放矢还体现在善意的欺骗和容错性上，有时产品设计需要适当地欺骗用户，对他们进行某些操作奖励，这样做的目的是让用户通过控制欲获得心流体验。比如我们在产品中设计一个敬请期待的功能，这也是一种控制的有的放矢。

心流体验在产品领域的应用相对较多，下面介绍几种具有代表性的产品类型是如何基于心流体验的 5 个要点进行设计的。

1）游戏型产品。心流体验在游戏类型的产品中运用得比较普遍，玩家在游戏的过程中最容易获得心流体验。接下来我们以《和平精英》这款游戏为例进行说明。

- 目标清晰引导。通过单人竞技，两人或四人组团对抗，其目标就只有一个，即消灭对方，取得最后的胜利。再比如，跑毒时的安全区指引、房间物资搜索指引等都是很好的目标引导。

- 及时有效反馈。在游戏过程中，对手死亡、汽笛、被射击、奔跑、上药等真实的语音模拟反馈都能刺激玩家，尤其是最后获得胜利的提示"大吉大利，今晚吃鸡"，更能让玩家获得内心的胜利感。

- 游戏思维设计。游戏本身在设计中就融入了用户等级、任务、奖励等游戏思维，玩家的自身技能和挑战的竞争对手的强大程度决定了是否能够取得最后的胜利。倘若胜利，玩家则会获得奖励并继续游戏；倘若失败，玩家则会越挫越勇。这种通过不断竞技来提升玩家技能的体验更能让玩家不能自拔，沉浸于游戏中。

- 抓住用户预期。《和平精英》最能打动玩家的是接近真实场景的竞技赛场以及比较逼真的射击道具，从沉浸体验来说，这是用户选择玩这款游戏的核心因素之一。同时游戏设计两人和四人组团竞技以增强游戏乐趣，容易引发朋友之间的情感共鸣。此外，《和平精英》在操作上非常简单，容易上手。

- 控制有的放矢。如果玩家相对较多，我们面对的都是真实竞技者，玩家不多时，可能就是机器人，当然机器人的出现并不能说明玩家数量，因为机器人的技能本身存在欠缺，很容易被射死。再来说跑毒，如果一开始就缩为很小的圈，那么大多数玩家都会被毒死，这种有的放矢就体现为先慢慢缩小跑毒圈，再限定时间继续缩小，最后玩家在相对狭小的安全空间争夺胜负。

2）内容型产品。内容型产品是我们接触较多的一类产品，常见的如小说类型产品、知识类型产品、学习类型产品、读书类型产品等。它们在产品设计中都有哪些关于心流体验的设计要点？下面以微信读书为例进行说明。

- 目标清晰引导。微信读书把找书、读书（看和听）、社交分门别类，又无缝融合在一起，没有花里胡哨的设计和乱七八糟的理念，简简单单，目标清晰，用户容易在微信读书中进入沉浸式阅读的原因就在于此。

- 及时有效反馈。用户在微信读书中可通过阅读时长兑换书币来购买付费的书籍，这样的馈赠既是产品设计的有的放矢又是激励。再如，暂无书籍的订阅设计也是及时有效反馈的机制。

- 游戏思维设计。微信读书把常见游戏中的排名机制引入其中，通过读书排行榜激发用户的积极性。心流体验的产生有时也需要这种激励机制的助推。

- 抓住用户预期。用户对事物产生好奇不在于你不知道什么而在于你知道什么，微信读书的预付费或者购买会员阅读正好抓住了用户这种心理预期，把那些经典、热卖的书籍设置为前几章免费，后面章节需要付费阅读，运用用户心智增加黏性。

- 控制有的放矢。为了有效、便捷地读书，微信在书架的产品设计上下足了功夫，有两个方面做得特别突出：一是置顶阅读，二是书单设计。置顶阅读可以让用户将常看的书籍放在最前面，方便阅读。书单设计可以让用户将心仪的书籍添加到自定义的书单中。如果不仔细分析，很难找到两者的差别。其实，置顶阅读的书籍并不一定是心仪的书籍，有时只是临时想看看，但又怕后续找不到；而书单则不同，加入书单的书箱一定是用户想要长期阅读的。可为什么微信读书团队不在一开始就把书架设计得如此完美呢？这就是有的放矢。任何一款产品都做不到尽善尽美，我们要让用户在产品使用过程中发现产品的不足，让用户知道产品可能存在不完美的地方，同时也给了产品容错的机会。当然，这也是一种善意的欺骗。

3）工具型产品。工具型产品是为了帮助用户解决某些便捷的需要而设计的，比如健身产品是为了帮助用户锻炼身体，音频产品是为了满足用户喜欢听歌、跳舞、朗读等喜好；旅游产品是为了解决用户查询风景名胜、寻找旅游攻略等。这些产品如何引入心流体验呢？我们以咕咚跑步为例进行说明。

- 目标清晰引导。咕咚跑步聚焦于高质量跑步。用户进入跑步模块能够清晰地看到只有一个跑步按钮，看上去是单一的设计，实则是突出重点，用户不需要过多的引导就能直接操作。

- 及时有效反馈。点击跑步操作时，页面会模拟 3、2、1 的倒计时语音提醒，进入跑步状态。这一点更像是在真实环境中预备起跑的枪声，会让用户的肾上腺素飙升，从而让用户得到内心的沉浸式感受。

- 游戏思维设计。在产品设计中，通常不会忽略用户等级的设置。等级是用户的身份象征，不同等级能够解锁不同的里程。这种设计体现了一种自我竞技的理念，用户需要挑战自己，超越自己，才能获得更高等级。因此，想要提升等级，唯一途径就是跑步里程的提升。
- 抓住用户预期。在咕咚跑步中，里程播报最能抓住用户的心理预期，每当用户跑完一公里，咕咚就会提醒用户，并激励用户加油，这就像用户在运动场上赛跑时赢得了观众区的热情鼓励一样，此时用户容易获得满足和优越感。
- 控制有的放矢。在跑步过程中，如果突然有事，用户可以点击"暂停"按钮。在暂停过程中，用户可以选择"继续"或者"结束"跑步。在这三个按钮中，我们发现了产品设计的精妙之处。设计师并没有把这些按钮分为一组，而是单独设计"结束"按钮。进一步分析发现，如果一个页面的主要操作按钮太多，就无法突出重点。另外，"结束"按钮的设计更加具有操控感，主要体现为用户不是直接点击就能结束，而是需要长按操作。长按操作的本意是防止用户意外触发而结束跑步，但实际上这种设计本身就是控制的有的放矢。

第 3 章

产品设计中的需求心理学

一个作家在选择写作工具时，可以选择用笔在纸上手写，可以选择使用笔记本电脑、平板电脑，也可以选择使用手机；一个旅行爱好者想去西藏旅游时，可以选择自驾，可以选择坐高铁，也可以选择搭乘飞机；而一个美食爱好者想吃猪肉馅饺子时，可以选择去餐馆，可以选择自己亲手做，也可以选择点外卖。这些选择都是为了满足用户的需求。虽然不同的用户可能会有不同的需求，但是每个需求都可以有多种解决方案。在这些解决方案中，有些可能更便捷、经济、实用，而有些则可能更舒适、奢华、个性化。因此，多种解决方案只是满足用户需求的一种表现形式，而不同的选择也会给用户带来不同的体验和感受。

在以上描述中，我们反复提到一个概念——"需求"，那么到底什么是需求？简单来说，需求是指人们对某种产品或服务的需要，通常是由人们的生活需求、工作需求、娱乐需求等因素所产生的。在日常生活中，我们会面对各种各样的需求，比如说，作家需要写作工具，旅行爱好者需要旅行计划，美食爱好者需要烹饪食材等。但是，这些需求是怎么产生的呢？

了解需求的产生是非常重要的，因为只有了解了需求的产生，我们才能更好地满足用户的需求。因此，本章将详细探讨需求的产生、洞察、鉴别和管理等内容，帮助大家更好地理解需求的本质和应对方法。

3.1 什么是需求

小吴在某知名互联网公司担任行业产品经理的职位，在一次新产品发布会上，有客户向小吴发起提问："负责这个产品的产品经理了解过客户需求吗？"小吴慢条斯理地回答客户的问题："我们当然了解客户的需求，新产品推出的核心功能都是基于产品经理进行实际的用户调研后所设计的解决方案。"客户在台下窃窃私语："你以为调查了用户、听了用户所说的就是真正的需求了吗？如果是这样，那你们对需求的理解很不到位。"小吴似乎有些无奈："这位客户先别急，这个问题稍后为您详细解答。"

显然，客户更想强调的是，用户反馈的需求虽然很重要，但在实际场景中，我们不能仅依靠直觉来理解用户所说的就是真正的需求，而是要看看用户的实际行动。此时，我们或许会产生疑惑：这种实际行动所代表的是用户的什么需求？它产生的机理是什么？

1. 需求的定义

从生物学角度，需求是指有机体对一般客观事物需要的表现。在繁殖发展过程中，为了维持生命和延续种族，形成了对某些事物的必要需求，如营养、自卫、繁殖后代等。

从经济学角度，需求是指用户在不同价格下对某种商品和服务的需求集合，强调的是商品和服务与价格的关系，不同价格下，商品和服务的需求量不同。

从心理学角度，需求是指人体未被满足的欲望，从而对内部环境和外部环境所表现出来的一种不平衡状态。这种不平衡主要包括心理和生理两个方面，即人体对爱情、荣誉、幸福、感恩的心理需求和对食物、水、氧气、运动、睡眠的生理需求。

我们可以发现，从不同的角度对需求的定义有所不同，但普遍认为需求是一种需要与被需要的逻辑关系。因此，我们结合上述这些学科对需求的理解，给需求下这样的定义：需求是指人们身体内部的一种不平衡状态，表现出对某种事物或服务的需要或期望。

2. 需求的二维性

用户每时每刻都会碰到各种需求问题。比如，我们需要一瓶矿泉水解决口渴的问题，渴望爱情解决孤独的问题，需要金钱解决生活开支问题等。但是，到底是什么促使用户发出这些需求的指令？从心理学角度来看，将用户发出这些需求的指令定义为需求的二维性，即需求是由生理动机和心理欲望所驱动产生的。

（1）生理动机

人体的生理动机是一套复杂的系统。从卵子和精子受精开始，这种生理机能就开始形成。孩子出生以后，会有下意识地吃奶、睡觉、哭喊、微笑等行为。随着慢慢长大，还会衍生出许多生理动机，如渴望运动、喜欢唱歌、爱好跑步等。

生理动机的出现是人体产生需求的自然因素。它是一种自发行为，比如，在新品发布会上，客户强调的是不要听用户说什么，而要看用户做什么。说和做都是人体生理动机的自发行为，但实际行动远比口头说说要具有现实意义。

（2）心理欲望

越靠近用户，越靠近产品增长。这里所讲的越靠近用户，到底是靠近什么？其实就是越靠近用户的心理欲望。相比生理动机，心理欲望是人体有自我意识以后所产生的一种心理需要。它强调的是一种特别想要但又得不到满足的心理需求。

心理欲望的出现是人体产生需求的催化剂。欲望控制不住就形成了天然的需求。满足用户的心理需要，其实就是满足用户的心理欲望。比如，在用户调研环节，经常做的用户访谈、面对面沟通、倾听用户心声等，其实都是用户在表达这种心理欲望。

人体的生理动机和心理欲望是需求产生的基础条件。两者之间并不存在先后顺序或孰轻孰重的问题，它们是一种既相互联系又相互补充的逻辑关系。

3.2　需求的三大特征

需求并不是一件难以洞察的事情，在实际的应用过程中，我们发现它具有以下几个特征：动态性、时效性和真实性。

1. 动态性

如前所述，所有产品的诞生都是因为需求的存在。对于企业来说，与其死守一款产品的生命周期，不如关注市场的需求变化。诺基亚是大家最熟悉的品牌之一，它生产的手机曾经是经典之作，无论是在款式还是质量方面都给用户留下了深刻的印象。然而，这样一款手机最终居然走向了衰亡。

关于衰亡的原因，总结如下几点：

1）忽视用户需求。诺基亚在瞬息万变的市场中，并没有预见到智能手机的快速普及，忽视了用户的真实需求。

2）高估自身能力。诺基亚守着庞大的用户群体，固守自己的产品定位，认为只要做好产品，就一定能赢得用户青睐。

3）时代选择的必然性。落后就要挨打，不进则退。与其说诺基亚没有看到这一点，不如说这是自然选择的结果。因此，诺基亚走向了衰亡。

现在仍然清晰地记得诺基亚被收购时，诺基亚董事长说的那句话："我们并没有做错什么，但不知道为什么，我们输了。"这也印证了一句流行的话："时代抛弃你连个招呼都不打。"

归根结底，我们仍然要强调用户需求动态性的重要性。如果诺基亚提前洞察到了这一点，那么今天的诺基亚可能仍然是一代霸主。可惜，只能说"如果"了。

2. 时效性

需求的时效性是对动态性的补充说明。通常情况下，需求的动态性会伴随着时效性。例如，随着时代的变迁，ATM 正在逐渐消亡。ATM 的衰落不仅反映了需求的时代变化，也反映了需求的暂时性。

在银行 ATM 上排队取钱的场景历历在目，那是一个纸币通行的时代，无论是乘坐公交、购买车票还是超市购物，都使用纸币，有时为了兑换零钱，可能要跑好几个地方，非常麻烦。

随着智能手机和移动支付的发展，各行各业已经开始使用微信和支付宝付款。人们不再需要现金就能完成支付，以至于去银行 ATM 取钱的需求变得越来越少。尤其是最近几年，聚合支付等业务的发展，大大方便了线下零售实体店的支付。作为长期为用户提供支付业务的银行，也开始聚焦零售商家。这使得原本日益萎缩的 ATM 更是雪上加霜。根据央行公布的《2020 年支付体系运行总体情况》数据，截至 2020 年末，ATM 数量为 101.39 万台，较 2019 年末减少 8.39 万台。全国每万人对应的 ATM 数量为 7.24 台，同比下降 7.95%。

这组数据同样说明，在快速发展的移动支付时代，ATM 正在慢慢走向衰落。未来，用户取现金也许只能到银行柜台办理。当前国家数字货币的快速发展也使得用户使用纸币的时代开始走向消亡。

ATM 退出历史舞台，移动支付高歌猛进。这是一个时代的需求向另一个时代的需求告别。之前，没有人会想到，到 ATM 取钱的方式会变得如此陌生。这进一步说明了一个看似固若金汤、不可改变的需求，在经过时间的洗礼后可能变得无足轻重。

3. 真实性

吴承恩在《西游记》中描述了真假美猴王的故事。最后，西方如来佛祖找出了真正的孙悟空。在互联网产品的设计中，也需要辨别真假需求。其中，产品经理扮演如来佛祖的角色。一般而言，判断需求的真实性需要考虑以下两个方面。

（1）信息不对称：跑得更快的马和福特汽车

故事发生在 100 多年前，福特公司创始人亨利·福特在与客户的一次谈话中，问他需要什么交通工具去目的地，客户回答说："我想要一匹跑得很快的马。"亨利·福特接着问："你为什么需要一匹更快的马？"客户回答说："更快的马能够让我更早地到达目的地。"

然而，福特公司并没有按照客户的要求去寻找一匹更快的马，而是生产了福特汽车。经过仔细分析，福特公司发现那个年代的客户只知道马车，并不知道福特造的车比马还要跑得快，从而能够让他更早地到达目的地。

很明显，信息不对称很容易导致需求的真实性出现错误。如果亨利·福特当初按照客户要求去寻找一匹跑得快的马，那么今天的福特汽车就不会存在了。

（2）不知道自己的需求：说谎的用户和有颜色的水杯

一家生产水杯的公司为了调研哪些颜色的水杯更受市场喜爱，于是找了一批用户做调研。

- 用户 1：白色，更美观。

- 用户 2：蓝色，更炫酷。
- 用户 3：黄色，更养眼。
- 用户 4：绿色，更醒目。

在完成用户调研后，为了感谢参与调研的用户，调研人员让大家各自挑选一个杯子带回家作为纪念。然而，在挑选杯子的过程中，调研人员发现多数人都选择了黑色的杯子，包括在调研中未曾选择黑色的用户。

这个案例说明，不能只听用户所说而忽略用户的行为。用户可能并不确定自己喜欢什么颜色，只是随意地说了一种颜色。然而，在实际选择时，他们却挑选了一个与自己回答的颜色不同的杯子。这种不确定需求的行为很容易让产品设计陷入用户伪需求，以至于最终的产品难以销售出去。

3.3　需求的机理模型

在《有效需求分析》一书中，作者提出了一个观点，即"需求 = 预期 – 现状"。预期和现状的三种状态如图 3-1 所示，这意味着需求实际上就是用户的预期和现状之间的差距。如果没有差距，就不会出现需求。接下来，我们对这三种状态进行详细说明。

预期高于现状　惴惴不安　　预期等于现状　安于现状　　预期低于现状　知足常乐

图 3-1　预期和现状的三种状态

1）预期高于现状：通常表现为用户不满足于现状，因此提出想要改变的想法。例如，一位产品新手觉得自己的产品原型不够精致，想要达到高保真效果。因此，他每天都在练习如何画好原型。在这种情况下，他的预期需求是画好原型。

2）预期等于现状：通常表现为用户安于现状，处于得过且过的状态。例如，一位工作多年的产品经理由于对行业知识烂熟于心，每天的工作就是看看市场动态，解决客户的基本问题。在这种情况下，他的预期需求就是维持现状不变。要改变这种状态，需要强大的外部刺激，比如产品提升空间小、业务增长停滞不前。

3）预期低于现状：通常表现为用户渴望得到的还没有当前的好，没有任何期待。例如，一位产品经理在做竞品调研时，总是无法发现自家产品与竞品有何区别。最终得出的结论是我们的产品已经领先于市场，竞争对手远远赶不上我们。在这种情况下，他的预期需求处于知足常乐的状态，同样需要强大的外部刺激才能改变（例如，用户量和交易量的突然下滑）。

在这三种心理状态下，我们认为只有当预期高于现状时，需求才会产生。正是因为预期和现状之间存在差距，才会促使人体表现出一种不平衡状态。这种不平衡状态主要体现为需求的二维性，即生理动机和心理欲望。因此，我们把上述推理流程称为需求产生的机理流程，可以用如图 3-2 所示的模型完整地表示它。

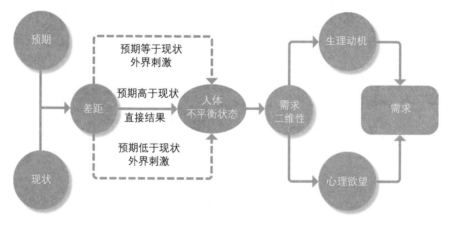

图 3-2　需求机理模型

需求机理模型的提出对产品行业的发展具有跨时代的意义，主要表现在以下方面：

- 需求机理模型完整地解答了困扰产品行业已久的"需求如何产生"的本源问题。它是为数不多在产品行业中有理论证明且行之有效的科学方法论。
- 需求机理模型对于如何理解"需求"提供了更清晰的理论指导。当问起用户什么是需求时，不再模棱两可地猜测需求到底是什么。
- 需求机理模型对于理解用户心智具有积极的促进作用。通过需求机理模型，可以直观地理解用户好奇心智、贪婪心智、攀比心智、从众心智、冲动心智等。以攀比心智为例。为什么用户会产生攀比心智？因为用户看到了预期和现状之间的差距，这种不平衡状态使其产生生理动机和心理欲望，从而形成了攀比心智。

3.4　需求的分类

关于需求的理解，我们最早接触的应该是"马斯洛需求层次理论模型"，也称为"马斯洛需求金字塔"，如图 3-3 所示。在该模型中，马斯洛把需求分为五个层次，依次为生理需求、安全需求、社交需求、尊重需求和自我实现需求。

然而在实际生活场景中，我们发现用户的行为并不是由单一层次的需求所驱动，而是由多个层次的需求共同作用的。因此，直接将马斯洛需求层次理论模型应用于产品设计并不恰当。

基于此，本书在"马斯洛需求层次理论模型"的基础上，对需求层次理论模型进行了更细致的拆分，旨在更全面地分析用户的心理需求。

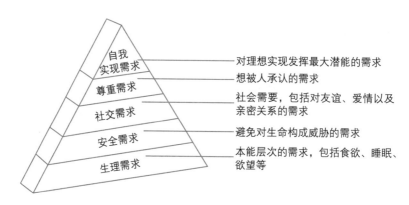

图 3-3　马斯洛需求层次理论模型

（1）安全需求

人类天生具有较强的安全意识，比如遇到急速飞驰而来的汽车，我们会下意识地躲开，看见明显尖锐的物品，我们的肌肉会不自觉地收缩，这就是安全需求的体现。

在产品设计中，安全需求主要体现在信息安全的保护上，比如用户重要信息的脱敏设计，获取用户信息的隐私告知和操作确认等。

（2）健康需求

一个富人在和一个穷人聊天，富人说道："除了健康，我什么都有。"穷人说道："除了健康，我什么都没有。"从两人的对话中可以看出他们对于健康需求的理解，显然富人更希望有一个健康的身体，而穷人却把存活需求看得比健康需求更重要。

同样，在产品设计中也存在这种健康需求，比如：为了保护眼睛所设计的豆沙绿背景颜色，以及为了提升睡眠体验所设计的黑暗沉浸模式。

（3）便捷需求

便捷需求倾向于简单、高效地解决问题，这是所有用户需求的共性，用户习惯于尝试不需要浪费物力和时间成本去解决问题，所以产生了便捷需求。

比如用户为了获得出行的便捷，所以诞生了滴滴出行；用户为了获得信息共享的便捷，所以诞生了 58 同城；用户为了解决线上文档协助的便捷，所以产生了腾讯文档；用户为了解决订酒店、订机票的便捷，所以产生了携程旅行等产品。

（4）享受需求

用户常常为了获得精神上和物质上的满足，产生享受的需求。从心流体验的角度来说，享受需求是一种心流前置的渴望。

比如音乐类产品设计主要解决的是用户渴望享受的需求（陶冶情操、净化心灵），视频类产品设计也体现出这种设计理念（身临其境、场景再现）。再比如我们喜欢在喜马拉雅听凯叔讲故事，这种音频类产品也是一种提供享受需求的设计，因为产品的音频设计会让声音听起来有一种悦耳的感受。

（5）情感需求

情感需求是指感情上的满足和心理上的认同。在某种程度上，我们都需要情感需求的支持，无论是动物还是人类。我们的生活环境决定了情感需求存在的必要性。比如，我们害怕孤独、渴望理解、喜欢倾诉。这些行为都是情感需求的表现。

因此，在某些音频产品中，总会有午夜情感连线节目来解决用户的情感类需求。尤其是这几年兴起的短视频社交产品，其实也是一种情感需求。

（6）效率需求

效率通常指完成一件事情或达到某个目标的处理速度，高效率起到促进作用，低效率起到阻碍作用，因此在日常工作中，为了提高效率，衍生出了各种工具和产品。例如：番茄时间管理工具用于提升时间的有效管理，禅道项目软件和腾讯的 TAPD 软件用于提升项目的有效管理，各种企业内部管理系统、OA 系统、CRM 系统、ERP 系统、WMS 系统等都是在解决效率的问题。

（7）知识需求

人类文明向前发展需要知识的不断积累，知识是指人们在改造世界的实践中所获得的认识和经验的总和，对知识的渴望能够推动个人自身能力的提升，也能促进社会的人才素养的培养。以知识需求为例的产品包罗万象，包括文档类、视频类、音频类，例如最近几年热门的知识产品得到、樊登读书，以及抖音中的知识短视频等都是这类需求的设计体现。

（8）社交需求

人与人之间的社交需求分为两种，一种是社会层面的工作沟通，另一种是心灵层面的寂寞和孤独沟通。在古代，人们解决社会和心理层面的沟通问题通常采用聚会、书信或人为代传等方式；现代则常采用聚会、电话、短信、软件等方式。

目前，基于社交需求设计的产品有腾讯微信和 QQ。在日常生活中，这两个产品是信息传递的主要手段。比如，学校微信家长群通知明天小孩上学必须穿校服等。

（9）尊重需求

产品经理在进行用户调研时，经常会听到用户抱怨："这款产品的设计简直就是侮辱我的智商。"从表面看，好像产品做了什么伤害用户的事情。经过进一步的调研，才发现用户在使用产品时感觉没有受到尊重。例如，交互体验不符合人性，没有常规的操作指引等。

在产品设计中，如何考虑尊重需求？其实很简单，例如清晰明了地告

知用户产品的用途，尽量减少需要用户思考的设计，把现实生活中常见的
习惯应用于产品设计中等。

（10）审美需求

中国传统美学认为，审美活动是在物理世界之外构建一个意象世界，
即"所谓于天地之外，别构一种灵奇"。这个意象世界就是审美对象，也就
是我们常说的"美"。在马斯洛需求理论中，审美需求是一种内在的感受，
是在心灵活动过程中对事物的感受，强调对称、井然有序和平衡。比如，
在产品设计中所强调的间距对称、图标对称、文字对称、结构对称等都是
对审美的需求。

3.5　需求的有效挖掘

为什么在描述用户需求时要使用"挖掘"这个词？因为"挖掘"更能
接近用户的真实心理。我们简单分析一下"挖掘"一词的含义：本义是挖
出，引申为深入开发和探求，即从事物的内在发现其意义。试想一下，在
我们收集用户需求时，不就是想要挖出用户的内在需求吗？

因此，从产品心理学的角度，结合对挖掘的理解，将对需求的挖掘分
为三个方面的内容：倾听用户需求、理解用户需求和洞察用户需求。这些
方法可以帮助产品经理在日常工作中高效地发现用户需求。

1. 倾听用户需求

医生在给病人诊断时习惯使用听诊器来听病人的心跳，通过心率来判
断病人的患病情况。同样，作为产品经理，我们也需要像医生一样倾听用
户的心跳，发现用户想要表达的需求。

（1）倾听用户需求的 3 个阶段

1）倾听准备阶段。倾听的目的是获取用户的真实需求，因此，在进行倾听之前，需要做好以下准备：

首先，明确倾听的目的。我们需要将主要目的和次要目的清楚列出。例如，主要目的是解决电商支付过程中经常出错的问题，次要目的是了解用户支付出错时的沟通方式（例如一对一沟通）。

其次，明确倾听的重点。用户反馈的内容并非所有都能解决，产品经理在倾听前需要有针对性地收集内容，否则在倾听过程中容易失去重点。

再次，明确倾听的方式。我们需要按照事先设计好的方式倾听。例如，可以采用一问一答的方式（用户先阐述一个支付出错问题，产品经理进行解答），或者先问后答的方式（用户先阐述所有支付出错问题，产品经理再解答）。

最后，明确倾听的时效。在倾听过程中随时留意时间，如果时间过长，容易陷入疲惫，收集的问题也会变得泛泛而谈。我们需要在有效的时间内针对核心问题进行高效倾听。

2）倾听阶段。在倾听过程中，需要注意两点：一是情绪调动，二是应对突发。

- 情绪调动。一场有效的倾听需要高效地调动用户的情绪。用户情绪的高低决定了需求的质量。常见的情绪调动策略有注视用户、对用户面带微笑、积极鼓励用户，以及肢体略微互动。
  - 注视用户：在倾听过程中，需要与用户进行眼神交流，告知用户我们在积极倾听。
  - 对用户面带微笑：表情轻松，就像两个朋友之间聊心事，这容易让倾听更高效。
  - 积极鼓励用户：适当鼓励用户能够促进用户积极地表达需求。

○ 肢体略微互动：肢体互动能够有效调动用户情绪，此时用户也会有同样的反馈，实现肢体上的情感交流。

● 应对突发。倾听过程中不排除会受到各种不明因素的干扰，为了确保倾听能够正常进行，需要应对某些突发事件。

○ 用户情绪激动：用户长期得不到满足时，总会牢骚不断。比如：用户说这个需求已经反馈多次，但是一直没得到解决。此时，倾听者需要安抚用户情绪，让用户平静下来。

○ 用户不配合：有时会遇到用户不配合的情况，此时需要尝试激发用户的兴趣。

○ 倾听者临时有事：在倾听过程中突然遇到某些工作急需解决，如突然来电话等，为了不打断用户需要尽量滞后处理。

○ 不可抗因素：天灾人祸、用户和被倾听者突然身体不舒服等不可抗因素，此时应立即暂停倾听。

3）倾听收尾阶段。倾听收尾阶段即为倾听结束。在该阶段，倾听者需要整理倾听内容，包括重点难点梳理、优先级排序和紧急程度定义。此外，倾听者还需要告知用户需求的处理时间节点，为下次的倾听调研做好铺垫。

（2）倾听用户需求的 4 个要点

在日常工作中，产品经理需要进行用户调研。然而，往往会忽略与用户沟通的细节，错误地将"听到"和"倾听"这两个词等同起来。实际上，"听到"和"倾听"有本质的区别。听到可能只是在与用户闲聊时偶然听到的，而倾听则需要全神贯注，专注于用户的表达。倾听过程包括以下要点：专注、理解、回应和记忆。

1）专注。专注是一种心理过程。当我们倾听用户需求时，需要保持专注。专注也是一种心理暗示，在专注状态下，我们会有意识地提醒自己当前倾听的重要性。

要有效地提高专注力，可以从以下两个维度来思考：

- 原因：为什么要倾听用户需求？通过目的导向来提醒自己。
- 结果：期望从倾听用户需求中获得什么内容？通过结果导向来提醒自己。

2）理解。理解用户需求是一个内部消化的思考过程。在这个过程中，需要做到以下三点：

- 用户所表达的需求是什么？要听清楚用户需求的传达，明确需要什么，而不是不需要什么。
- 用户所表达的需求和现有的情况有何不同？要快速识别哪些是新的需求，哪些是优化需求，并以此来提升对需求的掌控能力。
- 如何看待用户所表达的需求？要对用户提出的需求做到一针见血，明确哪些需求是切实可行的，哪些需求是空穴来风。

3）回应。有效倾听和无效倾听的区别在于回应的呈现方式。有效的倾听者会使用非语言行为（例如点头表示理解、目光回应和适当的面部表情）和语言行为（例如回答用户问题、与用户交换意见和想法）来表达专注。在有效的回应下，用户会表述真实的需求。

4）记忆。记忆是对倾听用户需求的有效留存，一般分为自然记忆和工具记忆。自然记忆也叫大脑记忆，通常听完需求后只能记住50%。随着时间的推移，这种记忆会从八小时的35%下降到两个月后的25%。因此，在倾听用户需求时，最好使用工具记忆，例如纸质记录和电子设备记录（如平板电脑、手机、笔记本电脑）。

（3）倾听用户需求的5个技巧

适当使用倾听技巧可以让用户需求的收集事半功倍。5个常见的技巧如下：

1）事实性问题倾听。关注用户陈述的已经发生或正在发生的事件，比如：某个客户已经接入了微信支付功能，而我们没有接入，导致产品在市场推广中频频受挫。通过事实性问题倾听，我们能够有效地找到真实且具有实践意义的需求。

2）行为性问题倾听。关注用户所描述的一些习惯性操作行为，比如：在移动端产品使用中发现客户多数采用右手操作，但往往商品分类放在左边，增加了操作难度。通过行为性问题倾听，我们能够从用户的习惯中发现有效需求。

3）疑问性问题倾听。关注用户的疑问，可以从疑问中得到他渴望的需求。比如：页面内容过多时为什么不做成模块化设置？难道模块化设置不能突出重点吗？他的言外之意就是想把内容过多的页面做成模块化设置，更能突出重点。通过疑问性问题倾听，我们可以发现用户想要强烈实现的需求。

4）主观性问题倾听。关注用户的主观看法，比如：询问用户对新研发出来的产品功能有什么看法，它是否能解决核心问题。通过主观性问题倾听，我们能够给到用户自主权，还能让用户毫无顾忌地说出他的不满。

5）建议性问题倾听。关注用户的建议，可以让用户帮助产品改进，让其获取参与感。用户建议将会影响产品的最终使用，比如苹果手机的刘海屏。通过建议性问题倾听，我们更能理解用户的真实心理需求。

2. 理解用户需求

理解用户需求的本质是从用户的角度出发，设身处地地换位思考，通过同感共情的方式理解用户的内心感受。只有这样，才能将用户的需求融入产品的设计理念中，使产品符合用户的需求。

（1）设身处地地理解用户需求

设身处地地理解用户需求，重点在于用户视角。所谓用户视角是指以用户为中心，想用户所想，思用户所思。例如，著名的奥格威经典广告文案如图 3-4 所示，广告语是"我用驾驶奥斯汀轿车省下的钱送儿子到格罗顿学校念书"。显然，奥格威并没有直接描述汽车的配置属性，而是把汽车的特征与家庭的需要做了关联。这种用户视角不仅突出了汽车的优势，还强调了用户需求。

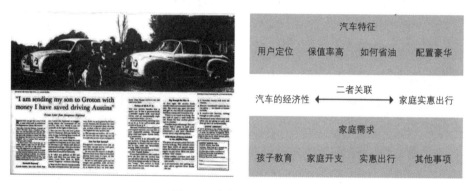

图 3-4　奥斯汀轿车广告

（2）同感共情地理解用户需求

"同感共情"是指深入了解用户的内心世界，理解用户的心情，甚至与用户产生相同的感受、心理思维和心理遭遇。

图 3-5 所示是一些"反人类"的产品设计。可以想象，在使用过程中，用户会产生何等复杂的心情。

- 家里墙上插座的设计，三孔和两孔插头无法互通，插上三孔插头就无法插两孔插头，反之亦然。
- 公园里草坪石板的阶梯设计，往往一步太远，两步太近，步伐难以保持。
- 厕所中的马桶设计，设计初衷是缓解久蹲的疲劳，但未充分考虑男性生理构造的特殊性。
- 夏季使用的蚊香设计复杂，难以分离，使用时容易折断。
- 所有服装设计总是在后领处放置标签，人们经常会感到刺痛。

图 3-5　"反人类"产品设计

- 高铁的发展解决了长途旅行的不便，但坐在高铁上无法伸直腿确实令人不舒服。同样的设计也存在于飞机上。

在上述案例中，毫无疑问，用户会非常崩溃。因此，产品经理只有从同感共情的角度理解用户需求，才能真正体会用户的痛苦。

3. 洞察用户需求

洞察用户需求是指从内在需求的发现中理解其意义，更重要的是要超越用户去思考用户需求的本质。正如史蒂夫·乔布斯在他的书中所说："有些人说，消费者想要什么就给他们什么，但那不是我的方式。我们的责任是提前一步搞清楚他们将来想要什么。"这才是洞察用户需求所提倡的思想。

（1）洞察用户需求的 3 个素养

洞察用户需求是产品经理的基本能力，产品经理必须像福尔摩斯一样发现用户需求。一位优秀的产品经理想要成功地找到用户需求，需要具备以下 3 个素养：洞察力、想象力和好奇心。

1）洞察力。什么是洞察力？洞察力是一种透彻分析用户认知、情感和行为动机及相互关系的能力，也是一种从心理学角度来分析用户行为表现的能力。通俗来说，洞察力就是透过现象看本质，洞悉用户心理需求的"高倍望远镜"。

具备优秀洞察力的人一定具有从用户的生活习惯中发现需求的大智慧。比如"啤酒和尿布"的故事：20 世纪 90 年代，一个美国超市管理员在分析商品销售数据时发现一个令人难以理解的现象，即两个看上去毫不相关的商品（啤酒和尿布）经常一起出现在购物车中，于是超市管理员展开分析，发现这种现象多数出现在年轻的父亲身上。

超市管理员经过进一步调查后发现，年轻的父亲去超市购买尿布时，习惯于顺便购买啤酒，因此就出现了啤酒和尿布两个看上去毫不相关的商品经常出现在同一个购物车中的现象。他同时还发现，如果年轻的父亲在超市中只能买到尿布或者啤酒，他会放弃这家超市转而去其他超市购买，直到可以同时买到啤酒和尿布。

超市管理员发现这个独特的现象后，决定把尿布和啤酒摆放在相同的区域，让年轻的父亲在购买尿布的同时可以买到啤酒，快速地完成购物。因此，带动了超市的尿布和啤酒的销售。

超市管理员发现尿布和啤酒的独特现象就是一种对用户需求的洞察。如果没有这种洞察力，他不会发现尿布和啤酒还能组合销售，也不会因为这个组合带动了两个商品的销售。

在产品设计领域，同样需要这种洞察力。有时用户的需求并不能通过他们的浅显表述来发现，而是要通过他们的实际行动来发现的。比如"啤酒和尿布"的故事中，超市管理员不可能一开始就从用户身上发现买尿布的同时也想买啤酒，可能只是因为用户去超市买尿布时正好有买啤酒的需求，从而导致每次去买尿布时都会想要买啤酒。

2）想象力。爱因斯坦曾经说过："逻辑会把你从 A 带到 B，想象力能带你去任何地方。"这句话描绘出了想象力的本质：想象力是指人类大脑中所有的幻想能力，它可以是天马行空、毫无边际的思考。

爱因斯坦到了 7 岁才会说话，而且经常说胡话，也爱胡思乱想，家里人都认为他是个傻子。他甚至在大学毕业后找不到工作，还给别人抄了很长时间的稿子。就是这样一个胡思乱想的天才，发现了相对论。

在有关书籍上，是这样记载爱因斯坦发现相对论的："爱因斯坦的平衡能力不好，好不容易才学会骑自行车。一次他在骑自行车的时候，发现一个很奇怪的现象，为什么路边的房子都往后移动呢？"这是多么平常的事情，但是爱因斯坦对此有了丰富的想象力。从自行车前进，两边的房子向后移动，他得到了灵感。他想象物体的运动是相对的，如果两辆自行车以相同的速度前进，那么它们之间的距离是不变的。

案例表明，那些成功的发明创造除了需要丰富的知识外，还需要想象力，比如电灯、汽车、飞机、轮船、手机等，无一不是想象力起推动作用。

在产品设计领域中，想象力同样重要。例如，微信的视频通话功能是因为用户想象能够面对面交流的场景，电商购物车设计则是把超市中的购物车搬到了线上等。

3）好奇心。好奇心可以帮助需求洞察者撕开表层需求的伪装，不断挖掘更深层次的需求。

丰巢快递柜的诞生就是好奇心的真实写照。我们都知道，丰巢的创始人徐育斌在创立丰巢之前曾是顺丰快递员。因为工作表现突出，他有幸被派到韩国学习。正是因为这次学习，丰巢快递柜得以诞生。

当时的顺丰在国内已经是物流行业的佼佼者，但是这次去韩国学习让徐育斌大为赞叹。他发现韩国的快递操作已经实现了高度自动化，从快递的转运到内部的管理基本都是信息化管理。相比之下，国内仍然依靠手工操作，而且这种操作的效率比国外低了许多。

如果说徐育斌去韩国学习让他意识到国内物流的差距，那么后来在DHL（全球著名的邮递和物流集团 Deutsche Post DHL 旗下公司）的见闻则真正开启了属于他的新世界。在 DHL，他了解到每个人一天能处理 120 个包裹，而在国内最高效的时候也只能处理 70～80 个。他非常好奇：为什么他们如此高效？经过调查，他发现 DHL 与学校、机构等合作，使用了一个神奇的柜子作为收派快递的载体，大大提高了效率。正是因为这个柜子，他萌生了创立丰巢快递柜的想法。

出于好奇心，徐育斌创立的丰巢快递柜解决了用户无法即时拿取快递的难题，大大加速了中国快递业务的运转，同时也间接促成了菜鸟驿站这样的竞争对手的出现。

同样，在产品设计领域，许多创新设计也都源于好奇心，例如 VR 眼镜，将现实场景直接虚拟化到网络世界。

（2）洞察用户需求的 3 个方法

洞察用户需求的方法很多，常见的有观察法、调查法和实验法。

1）看一看——观察法。在洞察用户需求的过程中，观察法是一种直观了解用户需求的方法。使用观察法洞察用户需求需要一个完整的观察框架，它包括以下要素：

- 谁：观察者的身份。
- 环境：在什么环境下观察。
- 产品：观察什么产品。
- 时间：什么时间。

- 行为：被观察者的动作和行为表现。
- 痛点：发现需求。

观察法一般分为直接观察和间接观察两种方法。

- 直接观察：通过观察者的感官直接观看用户行为，以此收集用户需求，如用户操作方式、使用习惯、脸部表情等。
- 间接观察：观察者使用设备、器材等第三方工具收集用户需求，如手机录音、视频录播等。

使用观察法洞察用户需求的优点是：能够客观地收集一手需求，数据客观可靠；不依赖语言交流，不受用户意愿干扰，不会因为某些问题与用户产生争执。缺点是：只能从表面看到用户的行为和结果，无法探知用户的内在原因和动机；需要花费大量时间在用户身上，对观察者的综合水平要求高。

虽然观察法是一种单向行为，观察者看到的用户行为不会说谎，观察者也习惯于相信看到的事实，但某些相对私密的用户行为仍然很难洞察。因此，对于观察法获取的需求需要进行反复调查和实验加以验证。

2）问一问——调查法。调查法也是一种常见的需求收集方式。常见的调查法包括问卷调查法、电话调查法、抽样调查法等。

问卷调查法适用于用户量巨大，无法进行一对一需求访谈的情况。这种方法可以大大节约人力、物力成本以及时间成本。但问卷调查法具有很强的开放性，回收问卷的质量、分析和统计数据并不一定准确和理想。

电话调查法是通过与用户进行电话沟通来收集需求的调查方法。电话调查法具有获取用户需求快、节约调查时间和经费、不对用户造成心理压力让其畅所欲言地说出需求等优点。但电话调查法也有缺点，比如调查者不在现场，需求的真实性有待考察；受到时间限制，需求沟通不可能做到细致、具体等。

抽样调查法是一种非全面的需求调查方法，指从大量用户中抽取一部分进行调查，并以此对全部用户进行估计和推断。抽样调查法具有节约时间、人力、物力资源等优点。但同时因为抽样的特性，获取的数据不够全面、准确、真实。

3）试一试——实验法。实验法的优势最为突出，只要能够提供充分的条件，就能获取有效、直观的需求。例如，我们在调查用户对商城装修风格的建议时，如果询问用户喜欢哪种风格的商城，你一定会收到千奇百怪、五花八门的回答。此时，只要我们提供 10 套装修风格，那用户一定会从这10 套中挑选出中意的装修风格。这就是实验法的魅力所在。

然而，实验法也具有不容忽视的缺点。首先，成本太高。为了洞察用户需求，必须建立一套接近真实的模拟环境。其次，实验法仍然具有用户主观能动性判断，获取的需求的客观性有待商榷。最后，实验法也常常出现失败的情况，即所搭建的模拟环境并不是用户真实需要的场景。

无论是观察法、调查法，还是实验法，都只是收集用户需求的方法。没有哪种方法能够准确无误地表达需求，因为用户本身就存在不确定性思考。因此，需要辩证地看待各种方法收集到的需求。

3.6 掌握需求的四大要点

对于企业来说，需求的重要性显而易见。一款产品的成功在于抓住了用户需求，而一款产品的失败则在于没有深刻理解用户需求。需求既是成功的关键，也是失败的根源。需求是难以满足的，同样也是容易满足的。那么，如何才能成功地掌握用户需求呢？

1. 魔力产品 = 卓越功能 × 情感诉求

日本著名实业企业家稻盛和夫在总结人生和工作的成功法则时提炼了一个决定人生和工作结果的方程式：人生成功方程式 = 思维方式 × 能力 × 热情。所谓人生成功方程式，是指用思维方式、能力和热情三个要素的乘积，而不是"加法"，来决定人生和事业的结果。

1）能力：制定、完成目标的能力，以及控制欲望的能力。每个人的能力不同，可以用 0～100 为其打分。

2）热情：热爱是点燃工作激情的火种。无论什么工作，全力以赴去做就能产生很大的成就感和自信心，而且会产生向下一个目标挑战的动力。成功的人往往都是那些沉醉于所做的事的人，也可以用 0～100 为其打分。

3）思维方式：指人生态度和工作态度。它的分值从 –100 到 100 分。思维方式不同，人生和工作的结果会发生 180 度的转变。

在产品领域中，也有类似的方程式，我们将其总结为成功产品方程式：魔力产品 = 卓越功能 × 情感诉求。这意味着一款成功的魔力产品必须具备卓越的功能并倾注情感诉求。

在成功产品方程式中，卓越功能是基础，情感诉求是核心，两者同等重要。从需求机理模型的角度来看，这种情感诉求实际上是心理欲望，是用户内心深处渴望但又暂时无法满足的需求。因此，要想开发出成功的产品，就必须注重这种情感诉求。

京瓷公司创建于 1959 年，是一家专门生产精密陶瓷和工业产品的企业。在企业发展过程中，曾经有倾注情感诉求来生产产品的经历。

当时的京瓷并不像现在这样为人熟知。为了生存，企业领导稻盛和夫接下了做当时工厂无法完成的高精度陶瓷产品的任务。为了做好这款产品，他付出了难以想象的辛苦。比如，在产品干燥过程中，无法做到干燥均匀，先前干燥的部分容易出现裂痕。有人建议缩短干燥时间，但是这样一来，产品整体干燥的时间又不够，无法干燥成型。有人想到，在产品还处于柔软状态下，先行裹上布条，通过向布条吹气，慢慢地、一点点地干燥。然而又出现了新的问题，产品在干燥过程中因为重量等问题出现了变形，始终无法达到满意的效果。

在无计可施的情况下，稻盛和夫提出了用"抱着产品睡觉"的方式去干燥产品。于是，通过抱着并不停地转动陶瓷，居然真的达到了干燥均匀而又没有变形的效果。

这听上去是多么离谱的想法，但是它真就解决了产品的生产问题。稻盛和夫把这种情感的投入形象地比喻为将产品视为自己的孩子，需要倾注全部的爱。

2. 让潜在需求变为真正需求

潜在需求就像一个打火石，只要借助外力的刮擦就能发出火光，从而燃烧木材。想要将潜在需求变为真正的需求，只需要找到它的关键窍门。

潜在需求是产品设计中最容易忽视的需求。因为潜在需求并不显眼，它的发现并不容易。但往往潜在需求又是产品成功与否的关键因素，我们常说产品要有中长期规划，其实也是在间接强调这种潜在需求的影响。

我们讲一个将潜在需求转化为真正需求的故事。一家跨国企业想要开拓一个岛国的鞋市场。它共派出五名市场调查员，分别是考察人员、推销员、鞋厂厂长、财务人员和营销经理。

第一个被派去的是考察人员。当考察人员到达岛国时，他发现这里的居民没有穿鞋的习惯。于是，他得出结论：在这里鞋子没有市场。因此，他建议将精力用于开拓其他市场，而不是在这里投资。

第二个被派去的是推销员。当推销员到达岛国时，他发现岛上的人没有穿鞋的习惯，而且岛上也没有卖鞋的地方。这意味着存在巨大的市场。推销员向公司汇报，建议先大批量发货过来，然后在岛上销售鞋子。

第三个被派去的是鞋厂厂长。当鞋厂厂长到达岛国时，他发现这里没有人穿鞋。他感到非常兴奋，并发现了生产鞋子所需的原材料。岛国拥有各种资源，因此他决定向公司提出建议，在岛国建立鞋工厂。他认为只要能快速、大量地生产鞋子，就一定能卖给岛上的居民。

第四个被派去的是财务人员。当他到达岛国时，他发现这里的人都不穿鞋。但经过与本地生产鞋子的成本进行对比后，他认为在岛国生产鞋子能够达到节约成本的目的，并建议公司在岛国建厂。

第五个被派去的是营销经理。当营销经理到达岛国时，他发现岛上的居民并没有穿鞋。于是他展开调查，从岛上的酋长到普通居民都进行了访问，得到的结论是岛上的居民没有穿鞋的习惯。但他了解到，岛上的居民患有严重的脚病，他们一直在寻找解决方法。听到营销经理说穿鞋能够解决脚病问题时，他们都非常渴望拥有一双鞋。

由于岛上的居民长期没有穿鞋，脚的尺码比欧洲市场普遍要大，因此在岛国销售的鞋子必须重新设计。虽然岛上的居民渴望拥有一双鞋子，但岛上并不富裕，根本没有多余的钱来购买鞋子。由于岛上盛产香蕉，酋长希望能够用香蕉来交换鞋子。营销经理发现岛上的香蕉在欧洲市场具有很大的销售潜力和竞争力，因此他经过综合对比，同意使用鞋子来交换香蕉。最后，他对香蕉进行了精美包装，并在欧洲市场进行推广，取得了不错的销售业绩。

在上述案例中，我们发现跨国企业的需求是将鞋子卖给岛国的居民。一开始，它派去的人认为没有需求，建议开拓其他市场。但是后来才发现，并不是没有需求，而是岛上的居民根本不知道穿鞋可以解决他们的脚病问题。当岛国居民得知穿鞋可以解决脚病问题时，他们都渴望拥有一双鞋。然而，他们的生活并不富裕，没有多余的钱来购买鞋子。如果营销经理没有同意他们用香蕉来置换鞋子，结果就是鞋厂的鞋子一双也不会卖出去，也不可能在欧洲市场获得不错的销售业绩。

因此，这个案例中的潜在需求变成真正需求的过程应该是这样的：岛国居民一开始并不需要鞋子—岛国居民非常渴望鞋子—岛国居民希望用香蕉置换鞋子—岛国居民的香蕉在欧洲市场获得不错的销售业绩—鞋厂获利。

3.产品缓慢地改进等于平庸

在写作领域有这样一句名言："好文章不是写出来的，而是改出来的。"这句话的意思是一篇好的文章不是一开始就写出来的，而是经过反复的打磨和修改才成为好文章。对比产品设计，好产品也不是一蹴而就的，一款符合用户心理预期的产品也是经过反复的迭代优化而来的。

产品的迭代优化与改进速度和频率有一定关系。在实践中，我们发现，获得用户满意度的关键并不是追求改进的速度和频率，而是要遵循一定的规律。

如图 3-6 所示，如果用横坐标表示产品改进速度和频率，纵坐标表示需求二维性，当生理动机和心理欲望斜线接近 45° 时，产品的改进和满足用户需求呈现最佳状态。角度越小，用户需求越得不到满足；角度越大，用户需求的满足越浮夸（比如 90° 垂直上升，120°、180° 或 360° 的大反转，这些角度都将接近产品的重构改版）。我们将这一模型叫作产品改进 45° 精进线。

产品改进 45° 精进线是一种向竞争对手发出挑战的信号。如果竞争对手的产品也想在这样的市场中生存，那么它必须要满足 45° 的产品改进速度和效率。Facebook（2021 年 10 月更名为 Meta）和 MySpace 这两家企业都是美国社交领域的佼佼者。MySpace 成立于 2003 年，Facebook 创立于 2004 年。曾经 Facebook 位居第二，MySpace 位居第一，这样的局面一直持续到 2005 年新闻集团对 MySpace 的收购。新闻集团收购 MySpace

后并没有在创新领域进行足够的投资。与此同时，Facebook 全力拓展市场，不断冲击 MySpace 的领先地位。到 2009 年，Facebook 取代 MySpace 成为第一。很难想象，在未来的时间里还有多少人会记得 MySpace 这家公司。

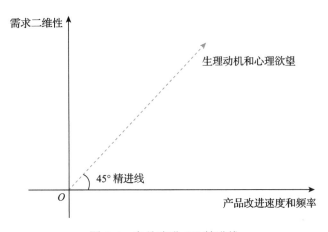

图 3-6　产品改进 45° 精进线

MySpace 的失败给我们带来了启示：在产品改进的 45° 精进线上，它无法与 Facebook 竞争，因此转向大于 45° 的需求市场寻找战略转型，但这种转型并没有带来实际的地位转移。因此，我们得出结论：当产品处于生命周期的早期阶段时，我们必须想方设法找到产品快速增长的 45° 精进线，否则，产品将趋于平庸，最终走向衰败，即使进行战略转型也无法改变局面。

4. 一款产品不可能满足所有用户的需求

设计一款满足所有用户需求的产品往往是浪费时间和精力。每一款产品都有其核心的产品定位，我们无法将所有用户需要的功能叠加到一个产品上，这样会导致产品功能过剩。对于需要产品功能的用户而言，他们无法快速找到想要的功能，而不需要产品功能的用户则会觉得产品功能太多。长此以往，产品会变成一个需求的堆砌品，失去竞争优势。

以社区团购产品为例，它是社区内居民团体的一种购物消费行为，是一种区域化、小众化、本地化的团购形式。社区团购靠社区和团长的社交关系实现商品流通，是一种新零售模式。当跨界商业模式被吹捧得神乎其神时，所有人都想分一杯羹，比如丰巢的巢鲜厨和滴滴的橙心优选。

巢鲜厨是丰巢旗下的电商品牌，主要以社区为切入点。它依托丰巢全国快递柜的布局优势，将电商业务深入社区，为消费者和商家提供一体化的线上线下社区电商购物平台。巢鲜厨的主要创新点包括团长制度、集中采购和配送、预售制度、降低流量成本（团长自带）、降低履约成本（环节少）以及降低生鲜损耗（库存周转快）。此外，它与丰巢智能快递柜业务进行了捆绑。

橙心优选是滴滴旗下的社区电商平台，它采用"当日下单＋次日送达＋门店自提"的模式，围绕社区居民的日常生活，满足不同用户的差异化需求，以求通过完善的仓储配送体系、便捷的方式和舒适的服务，提升每一个普通家庭的消费体验。

或许用户会很惊讶：一家专做出行领域的公司怎么会去做零售生鲜？从商业模式上来看并不奇怪，但滴滴把打车出行和零售生鲜进行了产品捆绑，自然地认为用户在乘车的过程中能顺便购买家用生鲜。

橙心优选和巢鲜厨都是社群团购催生的零售商业模式。然而，这两个平台都犯了同样的错误，认为依靠强有力的核心业务能力就能够与新型业务进行捆绑，忽略了用户的本能心理需求。从贪便宜的心理角度来看，用户可能会因为前期的优惠而进行购买，但从长远的用户认知培养的角度来看，它们不足以与其他企业竞争，因而失败是在所难免的。

第 4 章

产品设计中的心理学思维

思维是人类进化过程中形成的一种高级认知活动。根据信息论的观点，思维是人们将新摄入的信息与大脑内存储的知识、经验进行一系列反复对比后的心智形成过程。

几千年来，人类从未停止对思维的探索，例如思维是什么、为什么人类会产生思维，以及思维将把人们引向何方等问题。

古希腊哲学家亚里士多德在其著作《论灵魂》中对人类的各种心理现象进行了深入探讨。在他看来，人们具有感觉、意象、记忆、思维等现象。当外物作用于特殊感官时，会产生感觉。感觉留下意象，多次留下物体的意象后，就形成了对它的简略形象，即所谓记忆。随后，人们从这些记忆中抽象出概念或将其概括为原理，这是思维的基本过程。

我们发现，思维似乎成了认知这个世界的一把钥匙，尤其是近年来随着互联网行业的迅猛发展，出现了一些行业术语，如消费心理、用户心理等，这些都聚焦于人的思维研究，无形中将心理学思维引入了产品领域。

4.1 逆向思维：打破产品常规设计的求异思维

法国浪漫主义作家雨果有一句经典名言："让自己的内心藏着一条巨龙，既是一种苦刑，又是一种乐趣。"很多人读完这句话可能会感到有些困惑。其实，这句话的意思是：一个人的内心一定要有一个很大的梦想，只要有梦想，即使遇到困难，也能为了实现梦想而感到快乐，这是一种逆向思维。

其实，我们对逆向思维并不陌生。在做某件事时，我们为什么不去思考可能带来的严重后果呢？这是一个很常见的问题。接下来，我们将详细描述逆向思维在现实中的应用。

1. 逆向思维场景呈现

产品经理和研发人员是一对相爱相杀的队友。在整个开发过程中，产品经理将花费一半以上的时间与研发人员沟通需求细节和产品实现逻辑。他们的对话通常如下：

研发："角色权限设计逻辑上存在问题。"

产品："怎么说？"（一脸疑惑）

研发："如果仅仅是想通过角色去控制菜单操作权限，应该先填写角色名称然后赋予菜单操作权限，而不是先赋予菜单操作权限然后填写角色名称。"

产品："有什么区别吗？本质上都是通过角色去控制菜单操作权限，你就能反向思考一下吗？先赋予和后赋予其实没有本质区别。"

研发："好的，我再看看。"

在上述对话中，产品经理提到了一个反向思考的概念，即从问题的反面进行思考。通常将这种从问题的反面进行思考的过程称为逆向思维。

2. 逆向思维的三大特点

（1）普遍性

逆向思维具有普遍存在的特点。例如，高和低、长和短、上和下、左和右、软和硬都是正面和反面的对立思考，这种逆向思维经常存在于我们的生活中。在看待问题时，我们不仅要从正面出发，也要从反面辨认，并用对立统一的观点来对待这种逆向思维的普遍性。

（2）批判性

逆向思维的批判性是一种挑战传统、常规、惯例的观点，强调打破固有的惯性思维，跳出习惯和经验的认知模式，从事物的本质进行思考。

（3）新颖性

逆向思维的批判性直接导致逆向思维的新颖性。我们都知道按部就班地解决问题会很简单，但这种简单性无法使事物得到飞跃的发展。而逆向思维则不同，因为它是从反面思考问题，容易得出截然不同的思考结果，也最容易碰撞出独特的火花。

3. 逆向思维的应用实践

逆向思维在产品领域非常普遍，从用户调研、需求收集、产品设计、产品研发到产品上线后的市场推广，到处都有逆向思维的影子。下面简单谈一下逆向思维在产品市场推广中的应用案例。

陈慧是深圳某家皮革公司的产品经理。在异常激烈的市场竞争环境下，她收到了市场部的需求，即务必在本年度生产出一款既时髦又承重的新型行李箱。收到需求后，陈慧并没有立刻着手设计行李箱，而是选择前往皮革箱包零售商处进行市场调研。在调研过程中，她询问零售商用户主要关心的问题。零售商们纷纷表达了各自的意见，有的用户希望样式既好看又时髦，同时又能承重且轻薄，有的用户希望尺寸方面能够进行改进，大小适中。调研结束后，陈慧已然心中有数，于是开始设计行李箱。

经过两个月的反复打磨，产品进入体验质检环节，陈慧组织公司同事参与产品的验收体验。行李箱在美观方面获得了同事的一致好评，纷纷认为其样式和款型上都采用了当年最流行的设计元素。但是，在承重方面，经过几位同事站上去测试后，发现行李箱太过单薄，无法与市场上的竞争对手相媲美。

经过同事的反馈，她意识到在选材时有疏忽。于是，她重新选择了另一种材质进行体验款生产。一个月后，陈慧新生产的体验款行李箱进入体验质检环节。与上次不同的是，由于选用了新的材质，行李箱在承重方面得到了有效改善。又过了两周，陈慧设计的新型行李箱进入市场宣传环节。对外广告语为"时下潮流最前线，轻型耐承重行李箱"。然而，当行李箱推向市场时，却无人问津。

陈慧对此颇感疑惑，决定去门店看看。她来到门店却发现，用户一致称赞行李箱很美观，但是由于很轻薄，担心承重不好。因此，他们只是询问了一下，并没有实际购买。此时的陈慧才意识到，并非产品不够好，而是没有充分体现产品的优势。

回到公司后，陈慧找到市场宣传部，对产品的推广宣传进行了以下调整："潮流最前线，轻便耐用的行李箱，经过 20 人踩踏，最终被一头大象坐烂。"经过这番宣传调整，陈慧的新款行李箱成为年度爆款产品。

不难发现，陈慧的新款行李箱取得了不错的成绩，这是因为她运用了逆向思维。从逆向思维的普遍性来看，用户容易陷入正向、常规逻辑和习惯性的主观思考。在第一版推广宣传语中，用户反应平淡。他们认为行李箱虽然轻薄，但不耐承重。而在第二版推广宣传语中，则运用了逆向思维的新颖性，以更具冲击力的视角凸显产品的优势，更容易让用户记住，从而接受产品。

4.2　发散思维：产品创新设计的理论思维

美国心理学家吉尔福特在研究人类的智力三维结构模型理论时发现，通过训练人们的发散思维能力，能够有效地促进创造力的培养。智力三维结构模型理论是指人们的智能活动由内容、操作和产物三个维度组成。例如，人们为什么会把事物归类，是通过对内容（如一个特定的符号）的操作（如认知），而获得一个产物（如归入一个门类）。

在现实生活中，发散思维的运用并不容易被用户发现。很多情况下，是因为用户对发散思维的定义不够清楚。其实，发散思维并不难理解，它主要表现为人类大脑中的一种发散思考。比如，多角度、多维度、多方向思考，以及经常出现的一题多解、一事多写、一物多用等，都是发散思维直接作用的结果。

发散思维又被称为辐射思维、放射思维、多向思维、扩散思维等。其实就是一种由一点到多点的思维方式，犹如光源向四面八方辐射光线一样，具有广泛涉猎的思维特点。接下来，我们将详细描述发散思维的现实应用。

1. 发散思维场景呈现

一位心理学家为研究成人和儿童思维的不同而进行了一项有趣的实验。他在大学和幼儿园的黑板上都画了一个圆圈，并问他们这是什么。结果，90% 的大学生回答这是一个圆。而幼儿园的小朋友则给出了各种各样的答案，如太阳、皮球、镜子、气球等。

通过实验，我们发现成年人已经对很多事物习以为常，形成了思维定式。遇到问题时，他们通常采用单一、常规的思维方式去思考，但这种思维方式往往不能解决问题。只有从多个方面、多个角度去思考问题，才能找到问题的多样性答案。这里其实强调的就是发散思维。

2.发散思维的三大特点

（1）流畅性

发散思维的流畅性也叫顺畅性，指的是面对一个问题或一个事物时，毫不受约束地自由发挥，尽可能多角度、多方位地思考，在思维穷尽的情况下快速认知问题和事物。例如，对于红砖的用途，可以快速想到除了用于修建房屋外，还可以用来做垫脚石，也可以用来练功。

（2）变通性

发散思维指导人们必须有变通的思维模式，必须克服头脑中已经被固化的思维，暂时忘掉恒定的认知，寻求一种新的思维方式来看待事物。发散思维的变通性遵循一定的规律，如横向类比、跨域转化、触类旁通和多维矩阵。这样的规律可以使发散思维沿着不同的方面和方向扩散，从而表现出丰富的多样性和多面性。

（3）独特性

相较于常规思维，发散思维能够通过思考获得不同寻常的新颖路径。我们将这种思考方式称为发散思维的独特性，这也是发散思维的最高目标。例如，在辨别圆圈的思考题中，采用发散思维的独特性思考将会得到各种各样可能的答案。

3.发散思维的应用实践

有效地运用发散思维可以改变产品的功能特性，使得在不改变用户需求的情况下，一些滞销的产品能够成为畅销商品。

有一家专门生产瓶装味精的工厂，生产的味精不仅质量好，而且包装设计也美观。产品经理为了追求对称性，在瓶子内盖上特意钻了4个孔，并强调顾客在使用味精时只需要轻轻甩几下就能甩出味精，非常方便。但是味精量产上市后，销量一直徘徊不前。产品经理一开始以为是味精口感的问题，经过食用测试以及客户实际调研后发现味精的口感并没有任何问题。尽管全体职工费尽心思，但销量仍然没有明显提高。

为了彻底了解味精销售不佳的原因，产品经理亲自驻场于零售商店摆摊促销。前来围观的人们在食用完味精烹饪出来的菜肴后都赞不绝口，人群中只有一位女士提出了一个建议："味精的味道很好，只是每次甩出来的量太少了，如果能多一个孔就更方便了。"

驻场的产品经理听完后恍然大悟，他试着甩了几下味精瓶，虽然能甩出味精，但是量确实很少。于是，他立刻在味精瓶的内盖上多钻了一个孔。经过反复测试，他发现一般顾客放味精时会甩两到三下，五个孔能在不知不觉中多甩出近 25% 的味精，不仅满足了用户的需求，而且用户很快就要再买味精，销量自然而然也就提高了。

通过发散思维，从方法论的角度来扩展，即使是小点子也可以变得高大上。这位女士给产品经理提出了建议，大大提升了味精的销量。

4.3　灵感思维：多数成功产品的随机偶然性思维

爱因斯坦曾经说过："灵感并非在逻辑思考的延伸线上轻易出现，反而是在逻辑或常识被破解的地方涌现。"这阐明了灵感的思维模式，无法仅仅通过逻辑思维轻易获取。它是一种需要打破常规思维，而且可遇不可求的思维方式。因此，灵感思维常常在我们的意料之外出现。灵感思维是人们大脑中飞速认知的心理现象，它是指在研究某项事物时，人们并没有按照既定的逻辑思维框架去思考，直到到达某个阶段，一种新的思路突然被引入，从而迸发出新奇的点子。

1. 灵感思维场景呈现

春秋战国时期，鲁国有一位著名的木匠，名为鲁班。当时，人们常常使用斧头砍伐木材，但斧头是一种非常费力的砍伐工具，即使是细小的树干，也需要花费很长时间才能砍倒。是否存在一种既省力又能快速地砍伐木材的工具呢？

鲁班为此绞尽脑汁，仍然没有想出很好的办法。有一次，他和平常一样上山去伐木，山路陡峭，草木丛生。鲁班一边走，一边用斧头砍开杂草。突然，他感到手指有点疼，原来手指被路边的茅草割伤了，鲜血直流。他感到奇怪：几根柔软的茅草怎么会这么厉害？于是他抓起其中一根茅草仔细端详，发现茅草的叶子边缘有许多排列整齐的细齿，鲁班灵光一现，突然产生了奇妙的想法：如果仿造茅草细齿的形状，是否能将树木砍倒呢？

鲁班回到家后，拿了一块铁片去铁匠铺，让老板按照茅草细齿的样式在铁片上仿制。铁齿制作成功后，鲁班迫不及待地拿去锯树。果然，铁齿锯树又快又省力，终于解决了砍伐木材的难题。这个铁齿就是后来人们广泛使用的锯。

鲁班造锯的故事实际上来源于灵感思维。他在绞尽脑汁的情况下也未能找到解决砍伐木材的好方法。一次偶然的机会，他因为被茅草割破了手指，从中获得了灵感。

这也说明，灵感思维是一种无规律可循的自然现象，并非突发奇想的创造，而是通过某种实践在某个时间点自然产生的想法，具有高度的创造性。

2. 灵感思维的三大特点

（1）随机性

在数学领域，事件的发生具有随机性，是一种概率性现象。灵感的突然到来也符合这种随机性，这说明灵感思维并无规律可循，它是偶然发生的。直至今日，人类尚未找到灵感思维产生的根本原因。

（2）突发性

在生活中，我们经常会遇到这样一种情况：一个非常棘手的问题被搁置了很久，但某一天再次思考时，忽然豁然开朗，得出了新的洞见和体会。这到底是怎么回事呢？用灵感思维来解释，这是因为我们在大脑中持续地对这个问题进行思考，直到某个奇妙的灵感出现，思路顿时变得顺畅，问题也得到了解决。

（3）创造性

灵感思维的出现通常伴随着创造性。比如，鲁班因为被茅草割破了手指，从而发明了锯；我们熟悉的雷达则是根据蝙蝠的声波原理而发明的。一个作家多年写书都平淡无奇，也许突然某一天闪现了一个灵感，使他写出了一部惊世骇俗的作品。可见，现实生活中的许多发明和创新都是基于灵感思维的。

3. 灵感思维的应用实践

在产品的交互设计中，我们发现有的设计灵感就来源于真实存在的自然现象，下面以常见的瀑布流设计为例进行说明。

在多数情况下，新闻类产品与电商类产品的信息流展示和商品展示都采取中规中矩的横排和竖排对齐设计，虽然设计本身并无问题，但从产品创新的角度，若所有产品均采用这一设计方式，用户或将产生审美疲劳，对产品的长期发展不利。基于此，我们发现了另一种更具创新性的设计方法——瀑布流设计，其灵感源自现实中瀑布的水流方式。为什么瀑布流设计受到人们的广泛青睐？

1）瀑布流设计具有无限滚动效果，可实现持续加载新信息至页面底部，便于用户不断地向下浏览，发现更多有趣内容。此类设计有助于增加用户的停留时间，提高用户黏性。此外，瀑布流设计还能提升网站的美观度，使其外观更加现代化和时尚。通过合理设置瀑布流的展示方式，我们可以向用户展示更多信息，并根据用户的偏好和兴趣推荐相关内容。

2）瀑布流的懒加载模式不仅有效地避免了用户频繁点击翻页的操作，同时还可以为用户呈现更多的信息，从而提供更佳的内容体验。与其他页面排版方式相比，瀑布流的视觉效果更为出色，其连续不断的瀑布式布局也为用户的阅读带来了更加流畅和自然的感觉，可以让用户更加沉浸其中，不易被干扰。此外，瀑布流还可以在最小的操作成本下实现最佳的内容展示效果，让用户的浏览体验更为愉悦。

3）瀑布流是一种在页面设计中非常受欢迎的布局模式。其主要特点是宽度固定而高度不定，因此可以显示具有不同高度的内容，包括图片和文字。相较于传统的矩阵式图片布局模式，瀑布流布局模式更加灵活，能够吸引用户的视觉注意力。通过巧妙地利用视觉层级和视线的任意流动，瀑布流布局模式能够缓解用户的视觉疲劳，提高用户的浏览体验。

其实，瀑布流设计方式在产品中的应用非常广泛，比如我们常见的小红书和豆瓣。

小红书的瀑布流设计十分巧妙，随着用户的滑动，产品不断地向用户提供新的信息，引发用户的好奇心和探索欲，从而让用户在产品上停留更长的时间。这种吸引用户的方式可以提高用户的黏性，让用户对小红书产生更多的兴趣和好感。

豆瓣是一个长期致力于图片信息的网站，旨在打造一个图片社交平台，让用户通过瀑布流式的呈现方式欣赏美丽的图片作品，从而获得创作灵感。豆瓣这种采用瀑布流设计的方式可以最大限度地节约版面，减轻架构压力，从而创造出更好的用户体验。

总之，在产品设计中，通过灵感思维来创造产品的案例非常多。比如，当我们费尽心思地考虑一个产品的交互设计时，无论我们怎么思考，总觉得设计出来的功能并不符合用户的操作习惯，而且还非常烦琐。于是我们停下来，或者出去走走。稍作休息后，我们再回头去设计产品时，也许大脑中会迸发出一种新的思路和灵感，完全推翻了原有的设计。

4.4　系统思维：不谋全局者不足谋一域的统筹思维

彼得·圣吉是美国麻省理工学院（MIT）斯隆管理学院的资深教授。他在《第五项修炼——实践篇》中这样描述系统思维："系统思维是一种思维方式，是一种用来描述和理解形成系统行为的力量和相互关系的语言。"

这样理解起来比较抽象，我们可以进一步解释。系统思维是指对事物的认知需要全面思考，而不仅仅是单一思考。它是一个由相互连接的整体或部分构成的复杂系统，如建筑师将如何建造房屋视为一个整体来思考，如图 4-1 所示。在建造房屋时，你需要考虑房屋的各个方面，小到购买一个螺钉，大到房屋的整体设计。

图 4-1　建造房屋的系统思维

首先准备建筑材料，如木材、水泥、砖瓦、门窗。其次，按照图纸开始建造，需要工人、建造工具和施工车辆。然后进行房屋装修，需要装修材料。最后完整地建造出一栋房子。

1. 系统思维场景呈现

有三个石匠正在打石头，正好有路人经过，问他们在做什么。第一个石匠说："为了生活，我在努力地工作（打石头）。"第二个石匠说："我在做世界上最好的石匠活。"第三个石匠说："我在修建一座富丽堂皇的宫殿。"请问：如果你是这三个石匠的管理者，哪个石匠最令你放心？哪个石匠最令你担心？

从线性思维（片面、直观的思维方式）的角度来看，我们可以这样认为：最让人放心的是第二个石匠，他的回答体现了一种工匠精神——追求卓越。最让人担心的可能是第一个石匠，其次可能是第三个石匠。第一个石匠拿钱干一份工作，毫无激情。第三个石匠则好高骛远，不切实际，明明就是在凿石头，却非说得这么高大上。

从系统思维（整体、全面的思维方式）的角度来看，最让人放心的是第三个石匠，因为他能够看到打石头的最终目标是建造一座宫殿。最让人担心的可能是第二个石匠，其次是第一个石匠。第二个石匠只知道当前的目标，而不是整体目标，他所有的努力更多的是为了个人的目标，因此他缺乏更多的创造力。虽然第一个石匠只是为了谋求一份工作，但他很容易满足，只要相应地增加他的劳动报酬，他就能更加拼命地打石头。

从两个角度进行比较，我们可以发现系统思维的魔力所在，它强调一个系统是一个整体。我们在看待问题时，不能只看到部分而忽略它们之间的联系和整体目标。为什么从线性思维的角度来看，第二个石匠是最可靠的呢？因为线性思维只关注了局部，而没有将局部、整体以及它们之间的关联看作一个系统来考虑。相反，系统思维考虑到了这一点，认为三个石匠和石头都是系统的局部，并且它们之间有联系。为什么他们要打石头呢？不就是为了建造一座富丽堂皇的宫殿吗？因此，系统思维认为第三个石匠最可靠。

2. 系统思维的三大特点

（1）整体性

系统思维的整体性最能完整诠释什么是系统思维。比如，一台完整的台式电脑由主机（包括磁盘、硬盘、处理器和风扇）、显示器、鼠标以及键盘组成；一个完整的人由大脑、身体、内脏（如心脏、肝脏、胃、肺等）、手、脚、血液和生殖器官构成。系统思维的整体性是从全局出发，将所有组成要素连接在一起进行思考。这种全局性思考的角度可以避免片面、主观和浅显的理解，使得我们能够更全面地看待事物，从而不会阻碍我们看到事物的全貌。

（2）结构性

系统思维的结构性在于组成系统思维的各个局部要素并非随意地拼凑在一起，而是有目的、有理由地组合在一起，错落有致、有理有据。例如，在设计网站时，我们必须遵循这样的系统结构：前端结构（包括首页、导航、栏目、列表和页面）和后端结构（概况、业务管理、菜单管理、文档管理、系统设置和账号权限）。掌握系统思维的结构性有助于在产品设计过程中避免各种细节被忽略的情况。

（3）动态性

系统思维具有物质一样的属性，有自己的兴起、发展和灭亡的过程。系统思维内部各要素之间的联系以及系统思维与外部环境之间的联系都不是静态的，而是与时间密切相关的，并会随时间不断变化。这种变化主要表现在两个方面：一是系统思维内部各要素的结构及其分布不是固定不变的，而是随时间不断变化的；二是系统思维具有开放的性质，总是与周围环境进行各种信息交换活动。

3. 系统思维的应用实践

系统思维的美妙之处在于，我们在思考过程中对全局思维的整体把握感。在人们还没有证实地球是什么形状的时候，对于地球形状的认知充满了困惑。人们在讨论地球是什么形状时，看到亚洲是什么形状，欧洲是什么形状，以为地球就是什么形状。后来毕达哥拉斯推理地球是圆的，接着亚里士多德给出了科学的证据，最后被航海家麦哲伦用实际行动证明了地球确实是圆的。人们经历了这种从局部到整体的系统思维飞跃。

同样，在产品设计中，系统思维比较通俗的应用是不谋全局者不足谋一域的深度思考。也就是说，设计一款产品时，尤其是大型平台产品，我们一定要搞清楚它的上下游联动、各个系统之间的耦合关系，以及单个系统之间的产品组合和功能组合，而不是只关注底层的设计元素。最常用的方法就是绘制产品系统架构图，如图 4-2 所示。

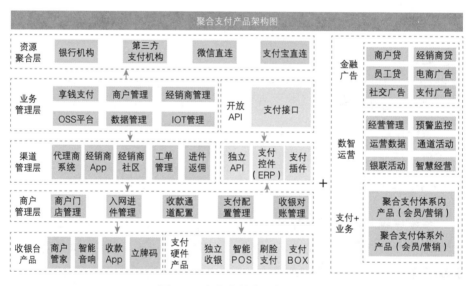

图 4-2　聚合支付产品架构图

如果没有对整体进行思考，单独从某个模块切入，产品经理将会陷入迷宫之中，他根本不知道系统与系统、产品与产品、功能与功能之间的联系。

我们都知道，支付业务主要处理信息流和资金流的逻辑，而聚合支付则不同，它只聚合上游支付能力，仅处理信息流业务。从上到下、从左到右看图 4-2 所示的产品架构图，它应包含以下系统思考。

- 资源聚合层：聚合上游的各种能力，如银行机构、第三方支付机构等。
- 业务管理层：管理内部业务系统，向上处理支付公司能力，向下处理下游合作伙伴的业务。
- 渠道管理层：商业模式中的渠道代理业务模式，一般是代理商将聚合支付公司的支付能力拓展给商户。
- 商户管理层：商户门店处理日常事务，包含常规的支付交易、问题查询、活动管理。
- 收银台产品（包含支付硬件产品）：聚合支付公司给终端商户提供哪些收银产品，大致分为交易对账产品、收银产品、智能设备等。
- 金融广告：围绕聚合支付能力提供的金融业务，一般为增值服务能力。
- 数智运营：通过数据分析提供指导商户经营的能力。
- 支付＋业务：企业内部再次聚合支付能力延伸出来的新业务。

通过上述的系统思考和业务拆分，我们对于聚合支付的业务有了大致清晰的认知，这一切都是系统思维的功劳。

4.5　逻辑思维：有理有据的产品设计思维

意大利作家普里莫·莱维在《被淹没和被拯救的》一书中说："如果对于世间万物没有一种适用性极强的简化方式，我们的世界将处于一种无尽扩展且无法定义的纠结状态，这样的世界会让我们失去辨明自身和采取行动的能力……我们必须将所有的认知简化成一种模式。"

我们认为普里莫·莱维所说的这种认知简化是一种模式，即"逻辑思维"的雏形。这意味着必须基于某种规律模式来理解事物的本质。通常这种规律模式是指逻辑思维，即人们可以运用概念、判断、推理等思维类型来反映事物的本质和规律，如因果关系、结论的真假、事实的描述等。

我们通过逻辑思维的角度来推翻因视觉误差而导致的错误认知。如图 4-3 所示，心理学家罗杰·谢巴德设计了一个视觉谬误图，它能让我们辨别两张桌子的长度和宽度是否相同。大多数人认为左边桌子的长度比右边桌子的长，而右边桌子的宽度比左边桌子的宽。

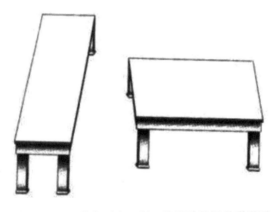

图 4-3　心理学家罗杰·谢巴德设计的视觉谬误图

显然，绝大多数人的回答都是错误的。实际上，两张桌子的长和宽都是相同的。造成这种错误的原因是桌子被放置在较远的位置，视觉误差导致我们的大脑中形成了一种固有的认知模式，我们只关注了左边桌子的短边和右边桌子的长边。

从逻辑思维的角度来看，我们应该对眼睛所看到的事物进行视觉干预，将远处的桌子进行空间排列，使两张桌子形成一条并排的直线。然后将两张桌子移到同一个环境中，并从同一视角观察，这样就会发现两张桌子的长和宽并没有差异。

1. 逻辑思维场景呈现

在心理学中有一个名为"破窗效应"的研究，它指的是一栋房子的窗户破了，如果没有人来维修，不久之后，这栋房子的所有窗户都会神奇地被打破。同样的道理，如果一堵墙上有涂鸦没有被清理，很快墙面就会变得乱七八糟。一个非常干净的地方，如果突然有人在地上扔垃圾，一旦没有人清理，这个地方就会变得又脏又乱。

20 世纪 80 年代的美国纽约市治安不佳，城市地铁出现脏乱差的问题，经常有小偷在地铁上作案。于是，纽约警察推断很多小偷喜欢在地铁上作案，与这种鱼龙混杂、脏乱差的环境有关。为了尽快改善这种社会现象，纽约警察从抓小偷的策略转为先清理地铁的卫生环境。果然，当地铁的卫生环境有所改善时，警察发现小偷在地铁上的作案次数越来越少。后来，警察又发现这些小偷经常有逃票的习惯，他们又转为抓这种逃票的行为。于是，在抓到的逃票人群中，发现多数是小偷。

纽约警察从"破窗效应"得到启发，将小偷的偷窃行为与环境因素联系起来进行逻辑思考。环境越恶劣，小偷的偷窃行为就会越嚣张。因此，通过改善环境，间接地改善了地铁上的盗窃行为。最终，纽约市的社会治安得到了良好的改善。

2. 逻辑思维的三大特点

（1）确定性

黑格尔曾经说过，逻辑思维是一切思考的基础。逻辑思维能力强的人能够准确地把握问题的实质，并且面对纷繁复杂的事情能够更容易地找到解决办法。这说明逻辑思维是一种确定性思维，不存在模棱两可或含糊不清的情况。在进行逻辑思考时，每一步都必须准确无误，否则就无法得出正确的答案。

（2）条理性

逻辑思维是建立在因果关系之上的一种能够客观反映现实的思维方式。在表达时，体现为说话和行动清晰有条理，前后呼应，逻辑准确。通俗来说，要想向别人传达某件事情的来龙去脉，必须了解这件事情的前因后果，并在讲述过程中逻辑清晰、传达准确，以使别人能够理解你的意思并产生思考。

（3）依据性

逻辑思维是一种非常注重证据的思维方式。例如，为什么研发人员可以确定产品经理输出的文档存在问题？因为根据输出的文档，研发人员发现产品设计存在逻辑错误，需求只是胡乱地进行功能串联，并没有说明想要实现什么样的功能。在这个案例中，研发人员运用了逻辑思维的依据性特征进行问题判断。

3. 逻辑思维的应用实践

在产品设计过程中，每一步都需要经过逻辑思考。无论是设计一个聊天撤回功能，还是规划一个生态平台的整体架构，都需要运用逻辑思维。接下来，我们将详细描述逻辑思维在产品设计中的应用。

例如微信聊天中撤回消息功能的设计，为什么产品经理要做聊天撤回？他的出发点是什么？他又是怎样思考的？

我们来思考一个场景。现实生活中，当我们与家人、朋友、同事聊天时，如果不小心说错了话，我们会如何处理？当然是采取道歉的方式。那么在线上聊天中呢？这是一种更为宽泛的聊天方式，我们面对的情况与线下场景同样复杂。一旦说错了话，该如何处理？我认为，微信聊天中撤回消息的原始思考就来源于这种线下场景。

另外，微信聊天内容的撤回限制为 2 分钟，这又基于什么样的思考场景呢？我们大概做了以下两点分析。

1）消息准确性的发现时间。一般来说，我们在什么场景下会使用撤回功能呢？一种情况是内容输入错误，表述不当；另一种可能是消息发错了人。不管是哪种情况，我们都会非常尴尬。因此，一旦我们发现消息错误，就希望在短时间内进行修改。但为什么不是 1 分钟或 3 分钟？从正常人的阅读速度来看，我们 1 分钟可以阅读 300～400 个字，而我们的聊天内容很少会超过这个字数。为了兼顾多内容消息的需要，微信把时间上调到了 2 分钟，这个时间足以让我们初步判断内容是否存在问题。一旦超过 2 分钟，我们可以认为消息发送人要发送的消息是正确的，是不需要进行撤回操作的。

2）信息安全留底取证。现在很多重要信息都是通过微信聊天传递的，如重要会议、合同签署、公告通知等。微信聊天的内容可以作为证据使用，如果在 2 分钟后仍能撤回聊天内容，一旦关系到两个公司的合同签署事宜，当发生法律纠纷时，如果删除了重要信息，则无法提供证据。

不得不说，微信产品经理在撤回消息这个功能上做足了功课。他们不仅提供了 2 分钟及时撤回消息的设计，还细致地考虑了消息撤回后的重新编辑。这样一来，可以避免前一次发送的消息撤回后还需要第二次重复编辑的情况。更重要的是，为了让对方知道自己撤回了消息，还刻意留下了痕迹，起到提示对方的作用。

最后，我们总结一下微信撤回消息功能设计的逻辑思考：基于线下场景，当我们说错话时，需要向对方道歉。因此在线上聊天时有了撤回消息的功能设计。但仅仅考虑消息的撤回似乎太过浅显，比如，当我们发送错误消息时，肯定不希望对方知道，因此我们需要一种撤回机制。但这种机制不应一直存在，否则某些重要的聊天证据会丢失。另外，如果我们发送了很多内容，一旦撤回就全部消失了，重新输入会很麻烦。因此，微信还设计了撤回后可以重新编辑的功能。此外，当我们真的撤回了消息时会留下撤回痕迹，这种做法间接地告诉对方，如果有疑问可以找我，就像一个未接来电一样。

4.6 直觉思维：毫无理论依据的产品设计思维

法国著名数学家布莱士·帕斯卡这样描述直觉思维："心灵有自己的逻辑，理性对此一无所知。"同样，德国作家格尔德·吉仁泽在《直觉思维：如何构筑你的快速决策系统》一书中有这样的描述："直觉思维是一种凭借无意识、经验法则和进化的能力去适应、去绕开现实生活中的法则与逻辑性，理想化世界的独立思考。"他强调，对事物的认识并不是信息和思考越多就越好，有时候甚至是越少越好，因为我们对一个事物的判断常常会被直觉思维所引导。

一直以来，无数的研究者都在关注直觉思维的产生原理，结合大家的研究理论，我们把直觉思维的产生归纳为以下两点：

1）简单的经验主义是人们在长期生活中积累的宝贵财富。这种经验非常简单且实用，能够快速、有效地指导人们做出某些决定。例如，在超市购物时，我们常常会选择熟悉的品牌，因为熟悉的品牌已经在我们的使用过程中形成了安全、可靠的定性思维，而选择其他品牌不能保证带来同样的效果。

2）人脑的进化能力为我们留下了一个思维的百宝箱，其中包括语言的识别、记忆的认知和常识的理解。每当我们遇到类似的事物时，总是习惯从百宝箱中取物对照。如果发现某个事物与百宝箱中的内容不符，我们就能立即做出决断，判断事物的对与错、好与坏、难与易等。

1. 直觉思维场景呈现

直觉思维并非没有科学道理，但有时候选择相信直觉其实非常重要。比如美国华裔物理学家丁肇中在发现"J"粒子时曾经发生过一幕有趣的故事。1972 年，丁肇中在实验中感觉很有可能存在许多有光而又比较重的粒子，但是并没有什么理论可以支撑这种预言粒子的存在。

这种直觉强烈地推动着丁肇中，于是他决定研究重光子。在不懈的努力下，他最终发现了"J"粒子（J 粒子是一种次原子粒子，属于介子，由一枚粲夸克和一枚反粲夸克组成，质量为 3096.9 MeV/c^2，平均寿命为 7.2×10^{-21}s）。他因此获得了诺贝尔物理学奖。

这样的事例并非巧合。在生活中，我们有时不需要严谨的逻辑思维来为我们做决定，反而是直觉思维在为我们做决策。也许只是我们没有意识到，但大脑实际上一直在将当前情景与过往经历进行比较。当发现当前情景与过往经历非常相似时，大脑在短时间内做出正确的直觉决策。比如，某些时候我们会"跟着直觉走"，这不失为一种最好的方法。

2. 直觉思维的三大特点

（1）简约性

我们生活在一个复杂的世界。在这个复杂的世界里，并不是所有事情的发生都能够用逻辑思维进行推理和判断。其实，有时相信直觉也是不错的选择。因为直觉思维是一种简约的经验主义，是思维过程的高度简化。每当我们对事物进行整体思考时，它就会调动思维的百宝箱，做出快速的假设、判断和猜测，从而省去了许多中间环节。采用这种浓缩、跳跃、聚焦的思维方式，我们能够在短时间内把握客观事物，并能在一瞬间迸发思维的火花，无意地指引我们做出准确且与逻辑思维无差别的判断。

（2）创造性

许多理论研究者对直觉思维的创造性特点有着相似的论述。例如，英国著名数学家伊恩·斯图加特曾说过"直觉是真正的数学赖以生存的东西"；法国著名哲学家笛卡儿认为"通过直觉可以发现作为推理的起点"；古希腊哲学家亚里士多德也曾说过"直觉就是科学知识的创始性根源"。

在人类漫长的历史长河中，无数的发明创造都来自直觉思维。欧几里得发现了几何学的五个公设理论，哈密顿在散步的路上迸发了构造四元素的火花，阿基米德在浴室里找到了辨别王冠真假的方法，凯库勒发现了苯分子环状结构等，都是通过直觉思维创造性发现的成功典范。

因此，我们可以这样理解直觉思维的创造性：一种凌驾于逻辑思维之上的思维模式，通过提取自我经验而迸发出来。

（3）自发性

我们在画展上看到一幅人物画像时，即使我们没有任何美术知识，也会自发地认为这幅画画得好。为什么会有这种感觉呢？因为我们的大脑会将过去关于人物画像的特征与所看到的画作进行对比，并自发地分析该画作的优劣。这种行为方式被称为直觉思维的自发性。

直觉思维的自发性不受人们主观能动性的控制。一旦我们获得了直观的认知，就会自发地表露出来。而且，这种特点往往还具有非常高的正确性，能够在一瞬间自然而然地展现出来。

3.直觉思维的应用实践

在产品设计中，直觉思维无处不在。例如，交互设计、视觉设计、留白设计、体验设计、审美设计、情感设计等都在运用直觉思维。尽管这些设计方式都有一套自己的设计标准，但直觉思维很大程度上左右着我们的思考方向。

图 4-4 是设计专业学生小凡毕业不久的作品，采用了左中右布局。下面让我们来看看这个 UI 设计稿存在哪些缺点。

- 从视觉设计角度：没有视觉冲击力，设计风格过于陈旧。
- 从留白设计角度：留白没有掌握好分寸，无法突出想要表达的思想。
- 从色彩搭配角度：蓝色为主色调，但过于突出蓝色，又使用了各种与蓝色出入太大的色彩，使得设计稿层次不分明。
- 从体验设计角度：看到该作品时，可以说是一次糟糕的体验，图标设计不精致，各种间距似乎只是凭感觉排列，尤其是文字大小、字体、色彩，且主次不分。

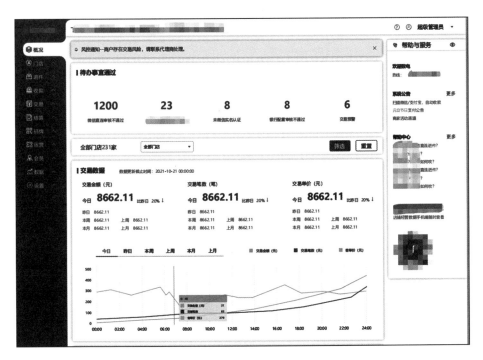

图 4-4 B 端产品 UI 设计稿（一）

于是，找来具有多年专业经验的设计师重新设计，经过一番重构后，产品 UI 设计稿得以改善，如图 4-5 所示。

图 4-5　B 端产品 UI 设计稿（二）

图 4-5 是参加工作多年的小榆的作品，产品经理对他的作品给予了很高的评价，我们来看看这个 UI 设计稿有什么优点。

- 从视觉设计角度：耳目一新的视觉冲击力，重点突出。
- 从留白设计角度：无论是左中右结构，还是上下结构，层次分明，留白恰到好处。
- 从色彩搭配角度：绿色为主基调，其他色彩搭配均衡，且收放自如。
- 从体验设计角度：菜单设计新颖，页签大小适中，图标精致且富有科技感。

大家是否会好奇：同样是产品设计稿，为什么对于美丽的直觉千篇一律，而对于丑陋的直觉却千奇百怪呢？评价标准是什么？有没有逻辑可以参考？实际上，一个设计师的功底与自身的品位有很大的关系，而直觉思维占据了大半因素，人们在评价一个作品的好坏时，也往往会通过直觉思维去思考。

　　然而，对于直觉思维的运用，总是戴着有色眼镜去看待，人们一直认为直觉思维的运用具有侥幸心理或者是一种投机取巧，但从产品心理学的角度来看，并不是这样。无数的科学理论家通过实践证明，直觉思维是发明创新的先决条件，其实践性具有与其他思维方式同等的优势。

4.7　形象思维："找、抄、超"产品设计模仿思维

　　北宋著名文学家、书画家苏轼曾经作过一首诗叫作《次韵水官诗》："高人岂学画，用笔乃其天。譬如善游人，一一能操船。"意思是说，写字作画需要有坚实的学问基础和高尚的精神修养。如果没有学问基础和精神修养，只讲究技术和功夫，画作只能表现出形象的表面，而不是深层次的内涵。

　　这里所说的"形象的表面"其实就是一种"形象思维"。所谓"形象思维"是指人们在认识客观世界的过程中，以直观的形象和表现作为参照物所进行的思维过程。比如，在制作一部电影时，编剧会在头脑中提前构思主角的主要特征及画面。

　　形象思维是最接近真实世界的直观思考方式。许多发明创造均源于对真实世界的形象描述，例如，我们所见的飞机是模仿鸟类而创造的，潜水艇是模仿鱼类而创造的，雷达是模仿蝙蝠的超声波而创造的。在实际生活中，形象思维的运用也数不胜数。接下来，我们将详细描述形象思维的具体应用。

1. 形象思维场景呈现

　　在一个偏远的山区，有一天学校突然收到了一批台式计算机。在一堂计算机课上，老师向山区的孩子们介绍计算机的组成部分，包括主机、显

示器、键盘和鼠标。当老师讲到鼠标时，孩子们非常好奇地问道："老师，为什么它叫鼠标呢？"老师被难住了，孩子们又不停地追问："为什么不叫猪标、鸡标、马标、羊标、牛标，非要叫鼠标？"

老师不知道怎么解释，只能遗憾地告诉孩子们他先查查资料。由于山区的上网设备有限，老师去了县城网吧。当他得知鼠标的名称来源于老鼠时，他才恍然大悟。拖着长长的鼠标线，形状又酷似老鼠，用鼠标这个名字命名确实很形象。

20世纪60年代初，美国人道格拉斯·恩格尔巴特开始思考如何让计算机操作更加简便，用什么手段可以替代键盘输入烦琐的指令。在参加一次会议时，他在随身携带的纸质笔记本上画出了一个底部使用两个相互垂直的轮子来跟踪动作的装置草图，从而有了"鼠标"的雏形。到了1964年，道格拉斯·恩格尔巴特通过多次构思改造，终于把之前的设想制成了一个成品。

由于该装置很像老鼠拖着一条长长的连线（形象地描述为老鼠的尾巴），因此，道格拉斯·恩格尔巴特和他的同事们在实验室戏称它为Mouse。他当时认为鼠标可能会被广泛地推广使用，于是特意申请了专利。起初申请专利时的名字是"显示系统X-Y位置指示器"，但是同事们认为Mouse更加亲切，容易被人们记住，后来人们确实更习惯称呼它为"鼠标"。因此，道格拉斯·恩格尔巴特被称为"鼠标之父"。

鼠标的命名方式就是一种形象思维的很好应用，每当我们使用鼠标时，它就像一只可爱的小老鼠趴在桌子上。但是，如果把它称呼为"显示系统X-Y位置指示器"，大概没有人会记住它的名字。

2. 形象思维的三大特点

（1）形象性

形象性是形象思维的最基本特点。形象思维能够客观地反映事物的形象和特征，使客观事物呈现形象化、意象化和具象化。形象思维的形象性特征还使其具有生动性和直观性。例如，我们常常赞叹知名画家的画作栩栩如生，意思是画作与事物本身实在太像，几乎达到了一模一样的水平。

（2）模仿性

形象思维最特殊的一个特点就是模仿性。在上述场景中就有很好的体现，如鼠标的设计是模仿了老鼠的形象。模仿性的另一层含义是移植性，即把某一个领域的原理、方法、结构、逻辑等特性移植到另外一个领域，使其产生新的事物，并具有模仿物的特性。

（3）想象性

想象是指对现有参照物的形象进行认知升华，从而形成新的形象的过程。形象思维中的想象性强调不仅满足于对已有事物形象的再现，而且致力于追求对已有事物的加工、重构，从而获得新的形象产品。想象性使得形象思维具有创造性优势，想象过程中往往伴随着新的发明创造，如红外线反制系统，它是一种根据红外线原理精准拦截目标物的打击系统。

3. 形象思维的应用实践

形象思维在产品设计中得到广泛应用。电商购物中经常提到的购物车和收银台，是将线下场景移植到线上的典型例子。购票类软件、买房软件、汽车软件等也都运用了形象思维。

飞机选票软件的设计是一种形象思维的抽象运用。它将现实中飞机的实际场景进行软件形象设计，增强了现实感，提高了产品的易用性，如图 4-6 所示。

在图 4-6 的左图中标注了飞机的不同区域，包括头等舱、公务舱、经济舱、乘务员座椅、出口、洗手间、衣帽间、吧台、楼梯等，这些区域与实际的飞机区域高度吻合。在右图中，当乘客进行机票值机时，可以根据自己的喜好选择座位，同时还能知晓所选座位的具体区域。

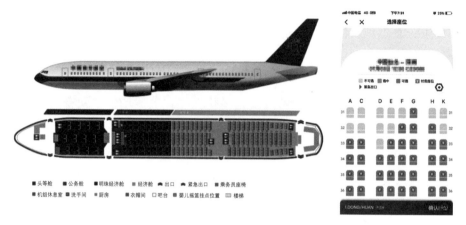

图 4-6　机票软件设计

在产品设计中，形象思维的应用优势在于能够高度还原事物的真实场景和环境，让用户在使用过程中获得无差别的体验。对于那些具有真实使用环境需求的产品设计，这种优势尤为重要。而一些被称为优秀产品的设计，则将这种形象思维运用到了极致，无限接近用户的真实需求。

举个例子，在某些买房软件中采用了 VR 的设计模式，生动地展现了房屋的客厅、卧室、厨房、厕所和阳台等。有些买房软件还展示真实的销售讲解，包括装修效果，小区的真实环境，周边的车站、学校、医院、超市和购物中心等。这样的产品设计实际上是一种形象思维的想象性运用，原本产品本身（即房屋）并没有想象中完美，但是通过软件的虚拟现实呈现出了另一种效果。

同样的思维模式也运用在汽车软件中。为了突出汽车的各种优势（如空间、样式和设计），我们可以在软件中体验到和真实汽车一模一样的场景。相比直接放一张高清的图片，这样的呈现方式更能吸引用户购买产品。

在产品设计中，合理运用形象思维能够事半功倍。在某些现实场景中，形象思维的包装呈现可以有效降低用户的教育成本，使得产品的实际落地更加便捷。

4.8　联想思维：举一反三的产品设计思维

小米笔记本电脑的销售宣传文案是"像一本杂志一样轻薄"。小米将笔记本电脑的厚度和质量与一本杂志进行关联，这就是一种联想思维。联想思维是指由一个事物的概念、方法和形象联想到另外一个事物的概念、方法和形象的心理过程。人们常说的"由此及彼""由表及里""举一反三"等，就是联想思维的体现。

联想思维一般分为以下几种方式。

1）接近联想：是指在接近某些事物时触发情感联想。例如：看到某个物品时想起某个人——"睹物思人"；欣赏某处美景时突发诗兴——"昔我往矣，杨柳依依"。

2）类比联想：是指通过比较不同的事物，找到它们之间的相似之处，从而产生新的想法或解决问题的方法。在计算机科学中，可以通过类比联想将一些生物的生理结构或行为方式转化为算法或数据结构。比如，可以将树的结构类比为二叉树的数据结构，将生物的免疫系统类比为深度学习算法中的神经网络模型。

3）刻意联想：是指将某一现象的特征与其他事物的特征进行联想。例如，看到"水滴石穿"这个词汇时，有些人会联想到人的精神世界，认为做人做事需要像水滴一样有坚定的意志，持之以恒，坚持不懈，不达目的誓不罢休。

4）相似联想：是指一个事物与另一个事物的外形或性质相似所引起的联想。例如，鸟的翅膀启发我们设计飞机的机翼，鸟嘴的形状启发我们设计飞机的机头，鸟的尾巴启发我们设计飞机的尾翼等。

1.联想思维场景呈现

在 20 世纪 30 年代的美国佛罗里达州，一个冬天的清晨，人们看到了一个奇怪的现象：尽管本来没有下雪，但一片橘园的树枝上却铺上了一层白雪。人们很好奇，这一层白雪到底是怎么来的？经过调查发现，这个橘园采用了喷灌技术。前一天收工时，一位工人忘记关上喷管开关，恰巧夜里一场寒流来袭，喷出的水雾在空中凝结成雪，落在了树梢上。

很快这一消息就在佛罗里达州的大街小巷传开了，甚至传到了康涅狄格州的一个莫霍克滑雪场。一直以来，莫霍克滑雪场都受到降雪不足的影响，滑雪场管理员四处寻找解决方案。而佛罗里达州这一降雪现象给了他们一些启示：只要喷出的水滴足够细小，就可以制造出质量较好的人工雪。

为了实现这一效果，他们在高压水到达喷口之前加入了一个混合室，将水与压缩空气混合，然后从喷嘴的小孔中喷出。此时，膨胀的压缩空气把水珠击碎，将水带到 20 多米高空，然后在冷风的作用下化为白雪。就这样，他们解决了莫霍克滑雪场降雪不足的问题。后来，这一人工降雪的方法得以广泛运用，因此在美国各地出现了数百家人工降雪滑雪场。

我们经常看到这样一些无意的行为成就了某些奇迹。莫霍克滑雪场管理员利用联想思维想到了人工降雪，不仅解决了滑雪场降雪不足的问题，还成功地将这种降雪方式推广到美国的其他州。本来是自然现象，却巧妙地变成了一种发明创造。

2.联想思维的三大特点

（1）连续性

联想思维的主要特征之一是举一反三、持续不断地进行思考。我们发现，这种连续性的联想会将看似毫不相关的两件事情进行逻辑关联，从而产生新的特性，比如上述人工降雪的发明。

（2）形象性

在联想思维的具体呈现过程中，我们发现它具有形象思维的共性，即通过联想思维所产生的事物和参考联想的事物之间具有某些相似的原理、逻辑和方法。我们把这一特性称为联想思维的形象性。例如：通过"水滴石穿"，我们可以联想到人的精神意志要像水滴一样坚韧不拔，最终像水滴一样穿透石头。

（3）概括性

联想思维的概括性是指根据一个事物的特性，立即联想到另一个事物具备相同的特性。我们之所以能在一定的时间内由一个事物的特性联想到另一个事物的特性，是因为我们先高度概括了一个事物的特性，然后再赋予另一个事物相同的特性。

3. 联想思维的应用实践

无论是信息互联网时代还是数字互联网时代，对信息的检索需求从未减少。例如，当我们对某个名词不甚了解时，我们会选择使用百度、360、搜狗、必应等搜索引擎进行信息检索，从而获得未知的知识。我们以百度搜索引擎为例，简单谈一下联想思维在搜索引擎产品中的应用。

（1）下拉级联联想

大家是否有这样的经历：每当使用百度搜索引擎搜索信息时，就会看到一系列相关的联想词语，如图 4-7 所示。有时我们会选择其中的联想词语去搜索信息。其实，这一产品的设计思路就是运用了联想思维。

联想词搜索是通过联想词根的方式进行信息的排列组合的，它会将与搜索主词有关的长短语关键词按照搜索热度有规律地展示出来。其目的是降低用户在搜索信息时的输入成本，即当用户输入部分信息时就能推荐出用户想搜索的关键词。

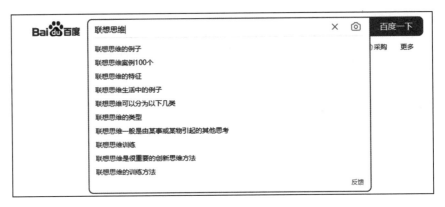

图 4-7　下拉级联联想

（2）词根矫正联想

当我们输入关键词进行信息查询时，一不小心就会输错关键词。但是搜索引擎会根据正确的词根进行联想，并展示用户想要查询的信息。例如，如图 4-8 所示，用户本来想要查询"麻辣辣椒粉"，但错误地输入"麻那辣椒粉"，搜索引擎同样可以正确检索出所需信息。

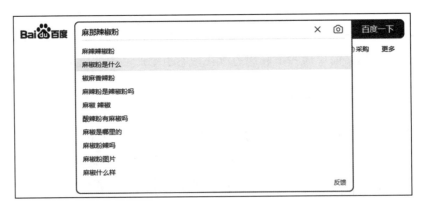

图 4-8　词根矫正联想

（3）词根相关搜索联想

除了提供下拉级联联想和词根矫正联想之外，搜索引擎还提供了词根相关搜索联想，如图 4-9 所示。其目的是提示用户：除了上述查询信息外，还可能有一些与该词根有关的其他查询信息。这种联想不仅提供了与该词根相关的内容，还提供了与该词根有一定关联性的其他词根的联想。例如，搜索关键词为"联想思维"，联想出了"转换思维方式的例子"等。

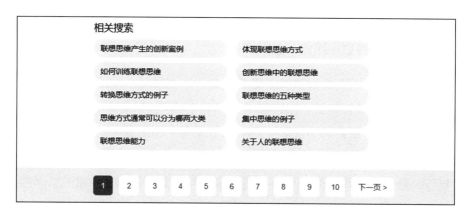

图 4-9　词根相关搜索联想

在搜索引擎产品设计中，下拉级联联想、词根矫正联想、词根相关搜索联想只是界面上所能看到的联想思维的应用。实际上，底层的数据查询、抓取、检索、分析、呈现等一系列动作都是基于联想思维的思维方式。

4.9　理论思维：事实和经验博弈的产品设计思维

恩格斯曾说："一个民族要想站在科学的最高峰，就一刻也不能没有理论思维。"这一论点不仅具有深刻的哲学内涵，而且具有重要的现实意义。

那么，何为理论思维？我们可以这样理解：理论思维指以科学的原理和概念为基础来解决问题的思维活动。例如，利用"水是生命之源"的理论来解释干旱对世界万物的影响。

1. 理论思维场景呈现

在产品经理选拔人才的面试过程中，面试官经常会问一个问题："请描述一下产品或项目相关的整个流程是如何运作的？"一般来说，根据面试者的水平高低，回答也不同。

1）项目经验不足的面试者：需求收集—原型绘制—需求文档—需求评审—项目跟进—项目测试—UAT 验收—项目上线。

2）项目经验丰富的面试者：产品商业思考—市场竞争对手调研—用户市场调研—用户需求调研—需求收集整理—需求可行性分析—产品核心需求提炼—最小可行性产品规划—撰写需求文档—需求评审（一审 / 二审）—项目管理（敏捷模式 / 瀑布模式）—项目跟进（研发需求返讲）—异常问题处理—项目测试（测试用例评审）—项目初步测试—项目验收测试—项目上线 UAT 验收—项目安全上线—市场推广策划—项目落地实施—用户反馈效果—数据分析—项目复盘。

两位面试者的回答截然不同，显然经验丰富的面试者的回答得到了面试官的肯定，最终他成功获得了 Offer。但是，我们是否会好奇：面试官问这个问题的出发点是什么？

总的来说，面试官想要考察面试者对于项目的完整参与程度以及对于整个项目的全面思考。这个过程实际上就是一种理论框架思维。如果产品经理没有完整地经历过项目周期，从而建立这些理论基础，那么他就无法考虑到整个项目过程中涉及的每个环节。

2.理论思维的三大特点

（1）科学性

理论思维是被实践所证明的没有逻辑错误的思维方式。它常被用于指导其他相关事件的发生。作为一项指导思维，它必须保证自身的科学性。

（2）严谨性

理论思维的严谨性是指，理论思维作为指导事物发展的理论基础，必须做到一就是一，二就是二，丝毫不能马虎和出现差错，必须无懈可击，任何方式和方法都不能破坏其严谨性，并长期以此作为理论指导思想。

（3）逻辑性

理论思维的科学性和严谨性构成了其逻辑性，而逻辑性是指导事物发展过程的基础。作为一种指导思想，基本的逻辑性是必然的。没有逻辑性的理论思维不能被称为真正的理论思维。

3.理论思维的应用实践

在产品设计中，存在一些约定俗成的理论模型，如电商模型、社群模型、账号模型、会员模型、优惠券模型等。这些都是一些理论基础模型，它们是被实践证明、符合实际情况的理论框架。产品经理想要完成这些模式的设计，需要以它们为参考基础。我们以会员模型为例。

会员模型中有这样熟悉的五个模块：储值、等级、积分、优惠券、成长值。

- 储值：商家提前收取会员的超前消费。储值功能，不仅有利于商家的资金积累，还有利于会员储值优惠。
- 等级：会员的身份象征，等级不同享受的权益和服务不同。用户乐于追求尊贵的会员等级。

- 积分：会员的附加值，一般通过积分模式赋能会员的价值体系，如积分商城、积分游戏、积分签到。
- 优惠券：会员的附加值，用于盘活会员使用和刺激会员的消费，常见的有单品优惠券、折扣券、抵扣券、满减券。
- 成长值：一般情况下，用于控制会员等级提升。某些时候，积分会替代成长值控制会员等级。

所有会员模型的设计都大同小异，都是围绕储值、积分、等级、优惠券、成长值等方面进行设计。当我们抱怨并追问时，一种直观的思维模式给我们提供了答案，那就是理论思维。这是一种被科学实践证明具有严谨性和逻辑性的思维方式。其优势在于，当我们处于复杂的产品环境中时，能够有据可依地找到产品设计的方向。

除此之外，产品设计中的理论思维运用颇为广泛。

- 在后台产品设计中，为什么不是左右结构就是上下结构？
- 在移动应用设计中，为什么不是四个菜单就是五个菜单，还多数放置于底部？
- 在数据产品设计中，为什么首先是指标统计，其次是图表统计，最后是明细统计？
- 在产品提示设计中，为什么红色代表警告、绿色代表成功？
- 在产品美工设计中，为什么人们喜欢美观而不喜欢丑陋？
- 在必填项设计中，为什么常使用星号，而不是使用三角形或五角星？
- 在问号提示设计中，为什么是一个圈加一个问号，而不是一个椭圆加一个问号？
- 在按钮设计中，为什么习惯于用圆角的长方形，而不是直接用圆形或梯形？
- 在页面分页设计中，为什么数据显示总是 10 条、20 条、50 条、100 条？

无数个"为什么"都指向了理论思维。由于理论思维的存在,产品经理在设计过程中已经习惯于根据过往的设计经验和理论思考轻松地进行设计,这正是理论思维的强大之处。

实际上,生活中还有很多思维方式,我们无法一一介绍,因此将它们整理在表 4-1 中。

表 4-1 其他思维方式

思维名称	思维释义
创新思维	以新颖独特的方法解决问题的思维过程,其本质在于用新的角度、新的思考方法来解决现有的问题
收敛思维	也叫聚合思维,是指从已知信息中产生逻辑结论,从现成资料中寻求正确答案的一种有方向、有条理的思维方式,它与发散思维的特点正好相反
加减思维	又称分合思维,是将事物进行减与加、分与合的排列组合,从而产生创新的思维方法
平面思维	人的各种思维逻辑在某个平面上聚散交错的思维方式,比如我们常说的看问题要用普遍联系的观点,说的就是平面思维
纵向思维	按照一定的方向思考问题,将其分为横向和纵向,其中在纵向上依照各个发展阶段进行思考,从而设想、推断出进一步的发展趋势的思维方法
横向思维	又称侧向思维,占"纵向思维"对称,是沿着正向思维旁侧开拓出新思路的一种创造性思维
类比思维	根据两个具有相同或相似特征的事物间的对比,从某一事物的某些已知特征去推测另一事物的相应特征的思维活动
辩证思维	以变化发展的视角认识事物的思维方式,通常被认为是与逻辑思维相对立的一种思维方式
换位思维	与对方互换位置,设身处地地为对方着想,从中发现矛盾和问题,从而改进工作,促使矛盾解决的思维方式
质疑思维	对每一种事物都提出疑问,这是许多新事物、新观念产生的开端,也是创造思维最基本的方法之一
移植思维	把某一领域的科学技术成果运用到其他领域的一种创造性思维

第 5 章

产品设计中的心理学定律

美国著名作家查尔斯·哈奈尔在《世界上最神奇的心理课》一书中这样描述："我们生活在一个可塑的、深不可测的精神海洋之中。"在这个深不可测的精神海洋中，我们发现自己总是被一些神奇的力量左右。比如，在刷某个短视频应用时，我们时而控制不住点赞，时而控制不住评论，时而控制不住尖叫，以至于让我们忘记了时间的流逝。

作为产品经理，我们或许会问："为什么自己设计的产品总是无法满足用户的期望？"那是因为我们不了解"麦穗定律"。在产品设计中，没有最好的设计，只有最符合用户期望、真正解决用户痛点的设计。

作为产品经理，我们或许会问："为什么我们的产品用户量总是增长不上去？"那是因为我们不了解"250 定律"。一款产品不是只有一个人使用，我们必须认真对待身边的每一个人，因为每一个人的身后都有一个相对稳定的、数量不小的群体。善待每一个人，就像点亮一盏灯，照亮一片海。

作为产品经理，我们或许会问："为什么我们设计的产品总是得不到用户的青睐？"那是因为我们不了解"蘑菇定律"。任何一款产品在诞生之初都有可能不被用户所接受，就如同蘑菇的生存环境一样，它通常生长于阴暗的角落。当产品不受欢迎时，应该从自身寻找问题，也许产品在这个阶段不被用户接受，但度过了这个时期，我们也许发现，用户早已离不开这个产品。

我们生活在纷繁复杂的产品世界中，面对着各式各样的产品和服务，有些看似简单的问题却总是困扰着我们。为什么会出现这种情况呢？其实，问题的根源在于我们不了解真相。我们被这些产品和服务绑架了，成了一名心灵的囚徒，它们鬼使神差地推着我们做违背内心世界的种种操作。因此，我们如果想要摆脱这种束缚，就需要了解并掌握一些心理学定律。

关于内心世界，有很多妙不可言的心理学定律。这些定律可以帮助我们深入了解自己的心理特点，指导我们找到产品设计的神奇密码，推断出那些成功产品设计的核心要素。例如，我们可以运用心理学定律来了解用户的需求、习惯和行为特点，从而设计出更符合用户需求的产品和服务。此外，心理学定律还可以帮助我们优化用户界面、增强用户体验、提高用户满意度等。

那么，这些心理学定律具体是什么呢？本章将为大家揭开这些心理学定律的神秘面纱，并提供一些实际案例来说明这些定律的应用。相信通过本章的学习，大家可以更好地理解用户的心理需求，提高自己的产品设计水平，为用户带来更好的使用体验。

5.1　古德曼定律：产品要学会做沉默设计

1. 什么是古德曼定律

有一个关于三个小金人的传说。从前有一个番外小国的使臣来到中国，为了表示诚意，带了三个小金人作为礼品进贡给中国。但是番外小国为了彰显其国家的文化，在进贡时提出了一个问题，他问中国皇帝："请问伟大的中国皇帝，你认为三个小金人哪个最有价值？"

中国皇帝请来了国内顶尖的金器鉴别师傅，但得出的结论是三个小金人并没有什么差别，价值都一样。然而，中国皇帝认为番外小国这样提问一定有其道理，难道我们泱泱中华就找不到人才，无法发现这三个小金人的奥妙之处吗？

经历了一番波折后，最后一位告老还乡的老臣终于想出了一个办法——让三个小金人亲自说出答案。虽然中国皇帝对此持怀疑态度，但到了这个地步也别无他法，只能让老臣试试看。

随后，中国皇帝请来番外小国使臣一起到大殿，观摩告老还乡的老臣如何让三个小金人开口说出答案。只见老臣找来三根稻草，胸有成竹地先往第一个小金人的右耳插入一根稻草，然后发现稻草从第一个小金人的左耳掉了出来。紧接着他又往第二个小金人的右耳插入第二根稻草，这次稻草从第二个小金人的嘴巴里掉了出来。最后，他还是从第三个小金人的右耳插入稻草，但这次稻草并没有从左耳或者嘴巴里掉了出来，而是掉进了小金人的肚子里面去了。

于是，老臣得出答案，并禀告中国皇帝和番外小国使臣："我认为第三个小金人最有价值。"

众人不明白老臣的话，疑惑地看着他。老臣从容地说："最有价值的人不一定是最善于言辞的人。上天给了我们两只耳朵和一个嘴巴，目的是让我们多听少说。善于倾听是最有价值的人的最基本素质。当我们能够心领神会的时候，沉默胜过千言万语。"

番外小国使臣听后，竖起了大拇指："伟大的中国果然是人才济济。"

上述小故事实际上阐述了一个心理学定律——"古德曼定律"，也常被称为"古德曼定理"。古德曼定律是指没有沉默，一切交流都无法进行。有时候，我们要善于保持沉默，让重要的信息自然而然地显现出来，而不是被人强行揭示。

这个定律启示我们如何有效地沟通。有时候，在与他人交流时，我们会过度表达，使信息变得杂乱无章，难以理解。但是，如果我们保持沉默并只说重要的事情，那么信息会更清晰，更容易理解。此外，古德曼定律还提醒我们，有时候沉默并不意味着我们没有思考或没有答案。相反，沉默可以让我们更好地思考问题，并找到更好的解决方案。

同样，在设计产品时，应该尝试做一些隐性设计，并在恰当的地方表达重要的信息。这样，我们的产品才可以更好地服务用户，同时也可以更好地让用户理解我们的产品。

2. 古德曼定律的启示

在产品设计中，古德曼定律的运用随处可见，这也给我们一些启示：并不是所有的功能信息都要直接设计出来，适当地采用分步骤、分段式的沉默设计，会让用户更容易使用产品。

（1）账号信息沉默设计

在设计账号注册页面时，我们通常会把用户需要填写的信息全部罗列出来，如图 5-1 所示。如果注册信息不多，这样的罗列方式并没有问题。然而，当注册信息过多时，采用这种全部罗列的方式会让用户找不到重点，造成填写信息的疲劳感。

为了解决信息填写时感到疲惫和找不到重点的问题，我们采用了分步骤设计，如图 5-2 所示。飞书账号注册就采用了这种设计，避免在同一个页面填写过多的内容，让用户可以快速填写当前信息并快速完成下一步动作。这其实就是古德曼定律的一种应用。

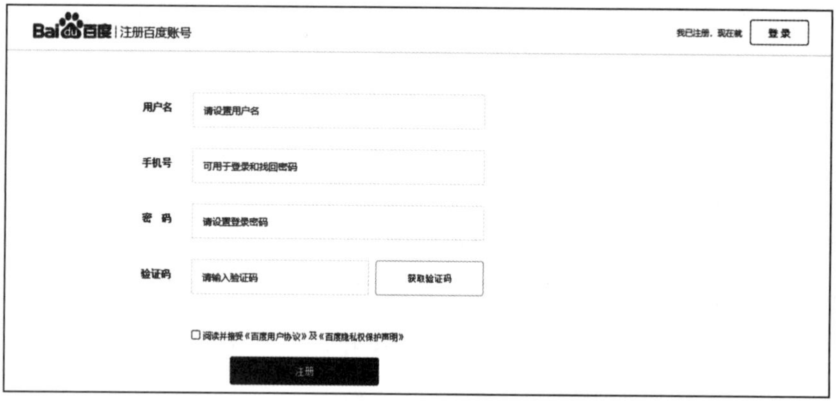

图 5-1　百度账号注册

图 5-2　飞书账号注册

同样，飞书在账号登录时也采用了古德曼定律的沉默设计，如图 5-3 所示。从设计心理学角度来看，一个人的注意力是有限的，聚焦于核心并突出操作重点，可以有效地避免用户分心，提升产品使用体验。

（2）内容过多沉默设计

在产品设计中，常常会遇到一些无法避免的内容较多的产品需求。例如，如图 5-4 所示，某聚合支付公司移动 App 中的商户开户进件功能，无论你如何设计产品布局，都难以避免信息过多的问题。在这种情况下，采用分步式设计能够有效地降低用户填写内容的难度。当然，这种设计未必是最佳的方式。

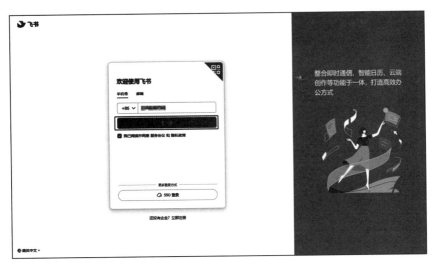

图 5-3　飞书账号登录

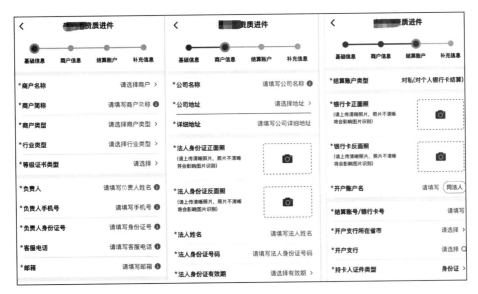

图 5-4　聚合支付 App（一）

针对商户开户进件，我们再来看一款经过优化的解决方案，即采用古德曼定律的沉默设计。如图 5-5 所示，这个优化方案不同于上述的进件模式，为了避免用户填写信息过多的心理压力，我们首先对需要填写的模块进行沉默设计，隐藏了模块细节信息。然后再一个模块一个模块地进行信息录入，最后统一提交资料。

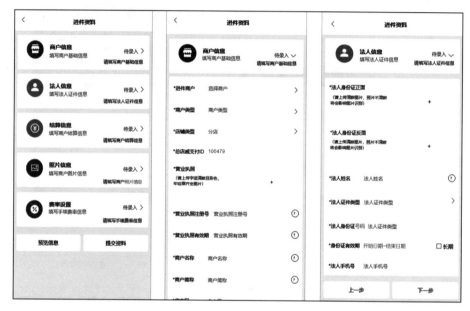

图 5-5　聚合支付 App（二）

相比图 5-4 的设计模式，图 5-5 的设计做到了更加层次分明、结构布局合理，用户录入信息不会产生心理阴影。同时，每个模块的信息如果存在错误，可以单独进行更改，更加直观和简便。

（3）即时启用沉默设计

在产品设计中，如果内容不多，那么原本的信息可以直观地放在页面上。然而，我们刻意采用一种开关式的设计来控制内容的显示，就像图 5-6所示那样。我们发现，只有在开启开关后，才能填写输入框中的内容。这也是古德曼定律的一种应用。

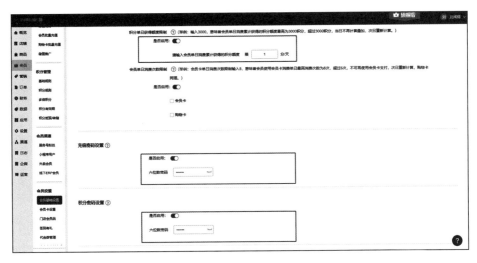

图 5-6　即时启用沉默设计

　　我们暂且将其称为"即时启用沉默设计"，意思是某些操作功能只有我们即时使用时才会开启，否则会让其保持沉默。这样设计的目的同样是解决用户无法聚焦重点的难题。

3. 古德曼定律的运用要点

　　在采用古德曼定律设计产品时，需要注意以下要点，恰当的沉默设计能够促进产品的良好使用。

（1）有的放矢

　　在产品设计中，我们需要注意难点和重点内容，并不是所有的设计都适合运用古德曼定律。比如，某些操作信息的引导或者重点内容的通知一定要放在显眼的位置，否则会引起用户的不适感。

（2）常态化

　　在产品设计中，最忌讳的是事后诸葛亮，比如意识到古德曼定律的重要性但并没有应用。因此，我们必须将这种设计理念刻在内心深处，每当需要使用时，它便能够作为一种解决方案自然而然地出现，而不是我们东拼西凑地寻找设计方法。

5.2 麦穗定律：如何设计符合用户预期的产品

1. 什么是麦穗定律

相传古希腊哲学家苏格拉底的三个学生曾向他请教一个问题："如何才能找到理想的灵魂伴侣？"苏格拉底并没有直接告诉他们答案，而是带着他们去了一片麦田，让他们三人在这片麦田中挑选出一株最大、最好的麦穗，前提是只能挑选一株，且不能走回头路。

第一个学生：兴致勃勃地踏入麦地，刚走几步就在麦地中发现了一株最大的麦穗。他环顾四周，没有找到比这一株还要大的，于是他欣然摘取了这一株麦穗。然而，当他走到麦地的尽头时，他发现还有很多麦穗比手里这一株要大。

第二个学生：耍了一个小聪明，没有急着去摘取最大的麦穗，而是每走一步就东张西望、左顾右盼，总认为最大的麦穗就在前方不远的地方。最后当他走到麦地的尽头时，也没有找到最大、最好的麦穗。

第三个学生：把麦地分为三个大小相同的部分，在第一个部分中根据观察把麦穗分为大、中、小三个类别，但是并没有摘取。在第二个部分中，他验证自己的分类是否正确。于是他来到了第三个部分，根据第一个部分的分类理论和第二个部分的理论验证，他找到了麦地中最大、最好的一株麦穗。

这个案例就是苏格拉底著名的麦穗定律。世界上并没有最好的伴侣，只有适合自己的才是最好的。三个学生中，第一个学生由于心急如焚，火急火燎地随便挑选了一株，说明他对待理想伴侣并没有深入的思考；第二个学生属于挑选的状态，总认为还有更好的等着自己，所以最后很难找到最适合自己的灵魂伴侣；第三个学生能够清晰地知道自己想要找到什么样的灵魂伴侣，可能不是最漂亮的那个，但一定是最适合自己的那个。

2. 麦穗定律的启示

如果我们把苏格拉底的三个学生比作挑剔的用户，那么最大、最好的麦穗就可以比作产品。同样，麦穗定律也证明了同一个问题：在产品设计中，只有符合用户心理预期、真正解决用户痛点的才是符合麦穗定律的好产品。

（1）政务类产品设计

尽管图 5-7 所示的政务类产品的设计谈不上与美学有什么关联，但我们使用时并不会过于抱怨。首先，政务类产品有着严格的规范要求；其次，政务类产品的核心在于满足大众的需求；最后，政务类产品不关心设计是否符合潮流。

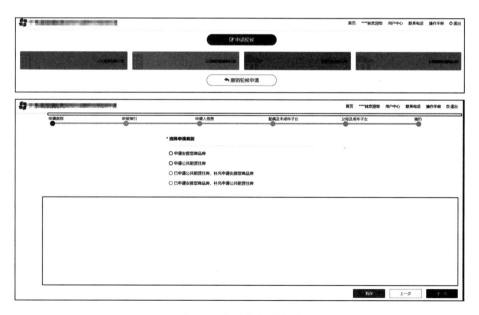

图 5-7　政务类产品设计

以上述政务类产品设计为例，我们可以看出存在以下缺点：

1）产品并没有经过设计，几乎是程序员凭感觉随意进行排列组合的。

2）存在大面积的留白设计，没有明确的重点和主次之分。

如果试图分析其优点，只能说它能够满足基本功能，可以正常运行。然而，用户在使用过程中，并不关心产品好不好用，而更注重它是否能够解决问题。因此，在特定的使用环境中，这种产品设计不失为一种好的方法。

（2）小说类产品设计

作为一种文字承载方式，小说类产品的用户需求与政务类产品相似。用户使用产品的核心需求是快速、有效地阅读文字。如果产品的使用体验不佳，用户也不会受到太大影响，就像图 5-8 所示的小说类产品设计一样。

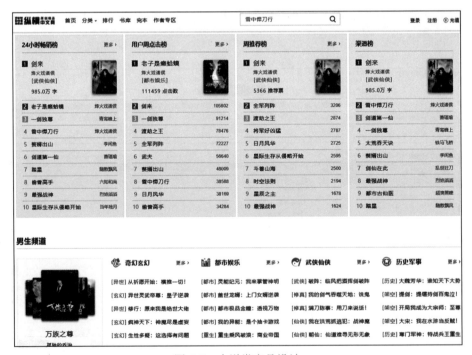

图 5-8　小说类产品设计

在调研所有小说类产品设计时，我们发现文字处理几乎千篇一律，不知道是出于何种设计参考，同质化非常严重。没有人觉得这种设计造成了用户的审美疲劳，这再一次佐证了麦穗定律对产品设计的影响。例如，小说章节阅读页面设计也存在类似的问题，如图 5-9 所示。

图 5-9　小说章节阅读页面设计

图 5-9 是四家公司的小说章节阅读设计。相信用户在使用产品过程中并不会过多地评价产品的好坏，而只关注中心部分的文字阅读。有时用户会看到无关紧要的贴片广告，但这并不影响用户的使用体验。可见，并不是最好的设计才能满足用户对于文字阅读的需求。

（3）POS-ERP 产品设计

ERP（企业资源计划）是美国 Gartner Group 公司于 1990 年提出的，后来被引入中国。然而，ERP 在中国的发展过程中，我们发现商家对于 ERP 的评价是使用烦琐，需要经过培训才能操作，使用体验不理想，同时产品的研发成本也极高。尽管如此，商家一直在使用它。图 5-10 所示是某企业的 ERP 前端 POS 界面。

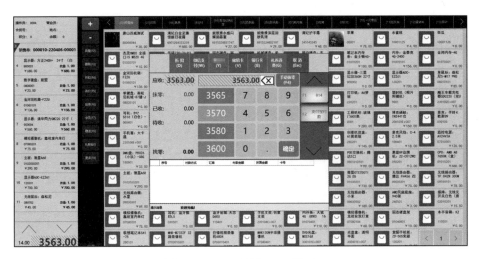

图 5-10　ERP 前端 POS 界面

几乎所有的 POS 前端界面都是这样，左侧是商品录入区，右侧是商品选择区，还有密密麻麻的操作功能键。单从产品设计上来说，POS 界面与用户体验好坏并无任何关系。如果不是专业的收银操作员，想要开启收银的可能性并不高。然而，就是这样的产品设计却满足了中国无数中小零售店的需求。商家对这种不好的体验的忍耐已成为一种习惯。突然某一天软件厂商改善了这种不好的体验，却被商家吐槽为根本不懂用户。在做 ERP 需求调研时，我们经常会遇到这样的现象。

有一个小插曲，某厂商的 ERP 在研发过程中有一个隐藏的 Bug 没有被发现。当产品上市后，却被商家当作一个功能在使用，并在其 600 家连锁店中得以推广。收银员的反馈很不错，还因此给软件厂商定制了一面锦旗。这个故事或许听起来很滑稽，但其真实性却毋庸置疑。

从常规的角度来看，我们很难琢磨商家（或者是用户）的心理需求。但是，从麦穗定律的角度出发，我们就能够很好地解释。有时候，我们认为设计不错的产品往往得不到用户的认可，反而是一些看似不起眼的设计得到了用户的推广。因此，我们可以得出结论：什么样的产品才是最好的产品？显然，只有用户才能回答这个问题。

3.麦穗定律的运用要点

麦穗定律的运用要点可以归纳为以下两点:

(1)寻找用户的核心痛点

无论产品设计如何,其主要内容必须是将解决用户的核心痛点放在首位。这也是麦穗定律的主张。世界上并没有最好的设计,只有适合用户的才是最好的。同样,产品设计也是如此。不要过多地注重与产品无关紧要的事情,需要把重点放在业务闭环的思考上,并在此基础上增加一些额外的点缀。

(2)让用户去评价产品好坏

在规划产品设计方案时,我们通常认为目前的解决方案是最能帮助用户的最佳解决方案。然而,当产品真正落地时,用户的反馈并不好。麦穗定律告诉我们,一款产品的好坏不应该从设计者的角度出发,而是要通过用户的直接反馈来判断。如果用户认为该产品是好产品,那么它就具备了好产品的特质,反之则不是。

5.3　吉格勒定律:成功产品的目标必先宏大

1.什么是吉格勒定律

美国行为学家 J.吉格勒在点评"气魄大方可成大,起点高才能至高"时提出一个理论:"设定一个高目标,就等于达到了目标的一部分。"这就是著名的吉格勒定律,如图 5-11 所示。

我们分享一个小故事。美国俄亥俄州有一家名不见经传的汉堡店叫作温迪快餐店。这家店是一位美国人迪布·汤姆以他女儿的名字命名的。虽然只是一家小店,但是迪布·汤姆却扬言,一定要把小店发展成可以和麦当劳相提并论的品牌。

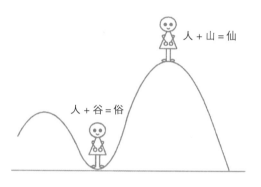

为自己设置一个高目标，就等于达到了目标的一部分。

图 5-11　吉格勒定律

　　为了实现这一目标，迪布·汤姆与麦当劳展开了品牌定位和产品定位的竞争。麦当劳将其用户定位为青少年，而温迪快餐店则将目标群体定位为 20 岁以上的青壮年。为了吸引顾客，迪布·汤姆在汉堡上花了很多心思，每个汉堡都比麦当劳多加了一定分量的牛肉。经过不懈的努力，终于迎来了一次可以正面抗衡麦当劳的机会。

　　1983 年，美国农业部组织了一项调查，发现麦当劳号称汉堡包中有 4 盎司⊖的肉馅，但实际从来没有超过 3 盎司！这时，温迪快餐店的年营业收入已超过了 19 亿美元。迪布·汤姆认为这是问鼎快餐业霸主地位的好机会，于是他请来了著名影星克拉拉·佩乐为自己拍摄了一则后来享誉全球的广告。广告中的老太太认真好斗，喜欢挑剔，正在对桌上放着的一个巨大的汉堡包喜笑颜开。当她打开汉堡时，惊奇地发现牛肉只有指甲那么大！她开始疑惑、惊奇，继而大喊："牛肉在哪里？"这则广告是针对麦当劳的。美国民众本来就对麦当劳有很多不满，这则广告适时而出，马上引

　　⊖　1 盎司＝28.349 5 克。——编辑注

起了民众的广泛共鸣。一时间，"牛肉在哪里？"这句话不胫而走，迅速传遍了千家万户。广告取得巨大成功的同时，迪布·汤姆的温迪快餐店的支持率也飙升，营业额一下增加了18%。

出于对麦当劳的追赶，迪布·汤姆的温迪快餐店不断扩张，1990年的营业额达到了37亿美元，发展了3200多家连锁店，在美国市场的份额也上升到了15%，直逼麦当劳，成为美国快餐业的第三大品牌。

试想一下，如果当初迪布·汤姆的温迪快餐店没有把赶上快餐业老大麦当劳作为最高目标，也许就不会有如此骄人的成绩。或许它只是个默默无名的汉堡小店，也或许早已销声匿迹。可见，成就温迪快餐店的核心因素除了迪布·汤姆的不懈努力外，目标的定义也是成功的加速器。

2. 吉格勒定律的启示

为什么说"设定一个高目标，就等于达到了目标的一部分"呢？虽然听起来有些不可思议，但从心理学角度来看，目标的设定比如何实现目标更能提高成功的可能性。在产品设计中，这种心理暗示同样非常重要。产品设计必须有一个宏伟的目标，因为宏伟的目标本身就是成功的一部分。俗话说："起点高才能至高。"我们只有设定了宏伟目标，才能设计出宏伟的产品，就像小米手机和今日头条这样的成功案例一样。

（1）小米手机的成功奥秘

现在智能手机已经非常普及，大家都非常熟悉。但在智能手机刚问世的时候，其价格非常高，一般的消费者根本承受不起。小米手机的出现打破了这个局面。小米手机最初的产品目标是打造一款中国人都能买得起的高端智能手机，为了实现这个目标，小米选择了旗舰级别的手机零件，使得这款手机的配置高出竞争对手两三倍之多，但售价却能让中国人承受得起。

这样的卓越追求还体现在产品的包装设计上。据说为了小米手机的包装设计，小米团队耗时 6 个月，经过 30 多版修改、上百次打样，做了 1 万多个样品，最终才有了令人称道的工艺和品质。这就是对产品极致的追求。

同样，在价格定位上，小米手机做到了低价亲民。被无数人追求的"性价比"三个字和小米手机画上了等号，一提到手机的性价比，消费者自然而然就想到了小米。

由于小米在手机的设计和价格上非常用心，创造出了打动消费者的产品，因此获得了消费者的喜爱和追捧。

小米公司正在一步一步地向行业巨头苹果公司靠近。如果这样的宏伟目标实现了，不就正好印证了我们想要表达的吉格勒定律吗？让我们拭目以待吧。

（2）今日头条的成功奥秘

今日头条是一款基于数据挖掘的推荐引擎产品，为用户提供精准、个性化的移动资讯，实现内容与用户的精准连接。产品的核心功能是充分利用技术优势，基于数据挖掘分析用户行为，为每个用户建立个人阅读 DNA 库，并结合优秀的算法为每个用户推荐感兴趣的新闻资讯内容，解决当今社会资讯过载的问题。如果没有目睹今日头条的成功，几乎可以认为今日头条只是在说空话。

为什么大家当时对今日头条并不看好呢？首先，今日头条采用数据挖掘技术，几乎没有自己生产的内容，全部都是通过第三方采集和机构、个人生产的。其次，它通过大数据的智能运算来实现用户千人千面获取个性化资讯信息。即便不考虑技术的可行性，也是相当不容易的。

然而，这个起初并不被大家看好的产品最终获得了成功，成就了各个领域的无数头条号创作者。如今的今日头条早已一骑绝尘，几大互联网巨头纷纷效仿头条号，创建了内容创作平台，如百家号、企鹅号、大鱼号。

现在，我们来分析一下今日头条的成功奥秘。对于一个看似不可能实现的产品目标，由于其宏大，因此在产品定位之初就已经成功了一半。传统的互联网媒体并不了解用户，它们认为推送当下实时最新的内容信息就是用户喜欢的东西，但实际上并非如此。以用户为中心来看，用户更倾向于关注自己感兴趣的内容，越是用户感兴趣的内容，就越能抓住用户。针对这一点，我们可以得出以下结论：

1）在传统的互联网媒体上，我们浏览的信息几乎不会重复，看到的都是相互独立的内容，而今日头条则不同，我们更能清晰地感受到什么叫互联网媒体。今日头条把相关的内容进行连接，但并不相同。用户在浏览一个感兴趣的内容后，如果还有相关的信息，他一定会继续浏览。

2）今日头条以用户浏览过的内容为基础信息点。在用户多次浏览后，它会进行数据分析，认为这是用户感兴趣的内容，并选择在合适的维度和频率向用户推送相关内容。

3）今日头条打破了信息内容的类型，将视频、图片、问答、头条、百科等信息内容进行了分类。在今日头条的信息推送中，用户能够看到各种不同类型的信息。这种设计模式既像一个需要用户手动检索的搜索引擎，又不像一个搜索引擎，因为它比传统的搜索引擎更智能。

今日头条的成功，我们认为是吉格勒定律的现实应用。如果今日头条当初的定位只是和各大门户一样的信息推送平台，也许它活不到今天。

3. 吉格勒定律的运用要点

关于目标管理的知识体系比较多，吉格勒定律认为，宏伟的目标是在某个领域获得成功不可或缺的一部分，即目标远大就是成功了一半，这里所强调的是一种心理效应。但是，在产品设计中并不是说只要制定远大的目标就能成功，因此，运用吉格勒定律需要注意以下两点：

（1）目标切勿好高骛远

在日常的产品规划中，产品经理经常会对目标进行效仿，比如我们要做某领域的淘宝、某领域的字节跳动。虽然喊口号没有问题，但目标一定要实事求是，量力而行。定一个企业和团队努力能够达到的目标，这样的目标才是吉格勒定律所要表达的逻辑。

（2）长期大目标，短期中目标，时刻小目标

尽管吉格勒定律并没有严格对目标进行分类，但是结合产品经理的实际工作场景，我们认为，产品目标可以按照以下方式制定：长期大目标，短期中目标，时刻小目标。也就是说，长远目标可以恒定不变；如果中期目标存在不确定性，我们可以在短期内动态变化；至于小目标，如果发现实现逻辑上存在问题，可以立即进行更改。

5.4　跨栏定律：如何克服产品设计的万事开头难

1. 什么是跨栏定律

跨栏定律是外科医生阿费烈德提出的。该定律指出，一个人的成就大小往往取决于他所面临的困难程度。阿费烈德的跨栏定律，可以解释生活中很多不可思议的现象。例如，一些天生或后天缺陷的人在某些方面比正常人更灵敏，如盲人在听觉、嗅觉和触觉方面比一般人更灵敏，失去手臂或下肢的运动员的平衡性比正常人更好。

作为一名外科医生，阿费烈德在一次解剖手术中发现了一个奇怪的现象：一些患者的器官并没有像预想的那么糟糕，它们的完整性或抗击程度甚至远远超过健康人群。此后，阿费烈德在为美术学生治病时又发现了一个奇怪现象：这些从事艺术的学生的视力要比普通人差很多，有的甚至是

色盲。正是因为这些生理缺陷成就了他们。

同样，在对艺术院校教授的调研过程中，阿费烈德发现了相同的奇怪现象：一些颇有成就的教授走上艺术道路，是受到生理缺陷的影响。但这些生理缺陷并没有阻碍他们走上艺术道路，反而成就了他们。

因此，阿费烈德认为这是病理现象在社会现实中的重复。他将自己的思维触角延伸到广泛的层面，提出了跨栏定律。

2. 跨栏定律的启示

产品设计也是跨栏定律的一种体验过程。在产品设计中，我们或多或少会遇到各种疑难杂症。如果运用跨栏定律，就可以解决当前所面临的问题。

A 公司是一家在传统零售行业深耕 20 年的软件提供商。随着互联网数字时代的到来，企业面临三座大山：数据不在线、业务不在线和营销不在线。在市场拓展中，企业销售人员频遭竞争对手的高压打击，已经多次失去大客户的签单。销售人员将这一现象反馈给公司，公司领导层召开会议决定成立业务小组，旨在调研竞争对手的解决方案，以及制定公司的应对策略。

经过一个多月的实地走访调研，业务小组发现竞争对手的解决方案是利用一个刚推出市场不久的新平台，行业中称之为中台。该平台的核心业务功能是线上线下一体化，包括商品、库存、订单、会员、营销和数据一体化。然而，在 A 公司中却没有这样的产品解决方案。公司领导将这一艰巨的任务交给了产品总监。如何破解这一局面，领导和产品总监一时束手无策。最终，通过多次讨论决定，只有迎难而上，打造一套中台解决方案才能解决这个问题。

然而，竞争对手公司对于中台的打造也是试水阶段，中台到底如何打造也是摸着石头过河、盲人摸象。但任务已经下达，A公司的产品总监也只能背水一战。首先，他了解了中台的定义以及其中包含的业务模块。其次，他结合竞争对手的情况制定了中台的试水规划，包括商品、库存、订单、会员、营销和数据一体化的中台规划。接着，开始产品的研发。中台是一个平台级别的产品，在A公司中未曾有过研发团队，行业中也没有参考的解决方案，投入大、开销大、管理难，遇到问题只能自己解决。最后，经过一年多的封闭式打造，产品终于迎来了首次的客户试用。但客户在试用过程中的体验并不佳。对此，产品总监早有预期。一个在行业中并不成熟的解决方案，落地后需要市场的检验。随后，产品总监又重新进行了客户的反复调研，从遇到的问题中提炼业务共性，进行反复回炉打磨，再试用再优化。终于，产品在市场上有了一些好的反馈，客户开始慢慢认可A公司的中台产品，甚至得到了同行的赞赏。

这个案例反映出一些问题：企业的向前发展，一是自我迭代，二是市场推动。显然A公司属于后者。好在产品最终得以上市，但现实情况是，轰轰烈烈地开始一个新项目，无疾而终的案例比比皆是。A公司产品的成功有两点值得借鉴：第一，销售人员发现市场竞争情况后如实反馈给公司，公司领导并未因市场的不确定而选择偃旗息鼓。这就是跨栏定律的第一次应用，遇到困难时，选择迎难而上。第二，产品团队也并未因市场不明朗、行业中没有可参考的竞品而选择退缩。他们照猫画虎、盲人摸象，磕磕绊绊地上线了第一个版本的产品。这就是跨栏定律的第二次应用，这样的尝试是一次不可多得的项目经验。关于这一点，我们可以进一步说明，我们往往歌颂跨时代的革新项目，而那些达不到颠覆目标的项目并不被人们谈及。然而，恰恰是不算成功的项目更能带来不一样的思考，这就是宝贵经验的来源。

3. 跨栏定律的运用要点

从心理学的角度来看，跨栏定律是人类意志力的一种表现。它强调了拥有这种意志力所能带来的变化，并进一步回答了如何在复杂的环境中寻找尽可能成功的突破口。运用此定律时需要注意以下两点。

（1）辩证地运用跨栏定律

在产品设计过程中，难免会遇到各种困难。但是，问题的难易程度取决于我们内心的认知。如果我们拥有强大的承受能力，就算遇到再大的困难，也会有各种解决方案。

然而，跨栏定律的运用需要辩证地看待。并不是说，所面临的困难程度越高，我们的产品成就就越高。这两者之间不存在因果关系，它们只是相对性事件。比如，公司突然要求产品经理规划一款能够与微信相媲美的殿堂级产品，这是无论如何也难以做到的事情。

（2）跨栏定律是思考方法论

跨栏定律是一种产品设计中的思考方法论，而并非一种设计方法论，也就是说，跨栏定律并不会告诉你如何设计一款产品或如何处理产品设计中的各种逻辑。相反，它更像是一种指导思想。在产品设计过程中，如果遇到各种复杂的问题，跨栏定律可以指导我们建立解决问题的信心。

5.5　蘑菇定律：好产品需要经过时间的打磨

1. 什么是蘑菇定律

蘑菇长在阴暗的角落，得不到阳光，也没有肥料，自生自灭，只有长到足够高的时候才会开始被人关注，可此时它自己已经能够接受阳光了。人们将这种现象称为"蘑菇定律"。

在心理学领域，蘑菇定律是指一个人在成长过程中注定会经历不同的苦难和荆棘，但可以通过自身的努力，最终战胜苦难，突破困境，拥抱卓越。

蘑菇定律很形象地诠释了多数人的工作经历：一个刚参加工作的人总是先做一些不起眼的事情，而且得不到重视。当他默默无闻地工作一段时间后，如果工作出色就会逐渐被人关注并得到重用；如果工作不出色就会逐渐被边缘化，甚至被人遗忘。从传统的观念上讲，这种"蘑菇经历"不一定是什么坏事，因为它是人才"蜕壳羽化"前的一种磨炼，使人更加接近现实，能够更加理性地思考和处理问题，对人的意志和耐力的培养具有促进作用。

2. 蘑菇定律的启示

产品创新设计也呈现出相同的逻辑。当我们成功上线一个产品后，经常会有很多人质疑该产品是否符合用户预期。但我们往往忽略了蘑菇定律。随着时间的推移，那些曾经被唾弃的产品也许会成为用户离不开的产品。接下来，我们将讲述一些与蘑菇定律相关的让产品获得用户称赞的案例。

（1）并不被看好的 Apple AirPods

Apple AirPods 是苹果公司的无线耳机，于 2016 年 9 月上市。该耳机内置红外传感器，能够自动识别耳机是否在耳朵中并进行自动播放。充电盒支持 24 小时续航，耳机充满电后能够超长续航 5 小时。连接非常简单，只需要打开盒子就可以让 iPhone 自动识别。AirPods 具有控制 Siri、切换和暂停音乐、一键接听电话等优点。从 AirPods 3 开始，还具有降噪功能。尽管 AirPods 具有很多优点，但消费者起初并不"感冒"。

消费者对 AirPods 的大致印象是：大家已习惯了不需要充电的有线耳机，很难接受耳机突然没电的尴尬情况，尤其是在不能立刻充电的时候。同时，这种无线的小耳机更容易从耳朵中滑落，比如在拥挤的地铁或街道，稍有不慎就容易丢失。这些不确定因素使得消费者望而却步。

苹果产品一直以高昂的价格著称，AirPods 的价格更是高于市场水平。很多消费者并不看好这样的价格定位，尤其是在没有获得第一手使用体验的前提下。这也是导致 AirPods 得不到消费者青睐的一大原因。

然而，随着智能穿戴设备的流行，曾经得不到消费者青睐的 AirPods 却成为消费者喜爱的无线耳机。如今，AirPods 随处可见，消费者质疑的高价、容易丢失、需要充电，并没有阻止 AirPods 成为一款流行的产品。苹果公司在至暗时刻没有选择淘汰 AirPods，而是通过专注于产品的能力来不断创新。未来的 AirPods 也许不再是无线耳机，而是一款集成人体测试、疾病监测等功能的智能穿戴设备。

（2）曾经一度被误解的微信

微信在诞生之初就听到不同声音，有用户质疑，在 QQ 已经很成熟的市场上，为什么腾讯还要打造另一款社交软件，这不是自家与自家竞争吗？诚然，微信在那个阶段处于一种蘑菇的生长环境。

我们来简单地看一下两者的差异：

1）历史起源。QQ 诞生于互联网新兴时期，微信诞生于移动互联网时代，两者的终端分属 PC 客户端和移动设备。

2）产品定位。QQ 主要定位为陌生人社交，用户偏年轻化，走的路线是从社交的弱关系链向强关系链转变；微信主要定位为熟人社交，用户偏商业人群，走的路线则是从强关系链向弱关系链转变，并向平台生态化发展。这表明两者的产品定位存在本质的差别。

3）商业模式。QQ 的商业盈利模式主要是收取用户的增值服务费用，而微信的商业盈利模式主要是收取企业服务费用，一般为提供第三方服务接口和生态解决方案。

4）功能对比。QQ 空间和微信朋友圈的功能不同，陌生人可以访问

QQ 空间，而微信朋友圈仅限好友访问。再比如 QQ 支付和微信支付，QQ 支付只是社交体系内支付，而微信支付已经延伸到企业支付，以及第三方接口模式支付。

如今的微信在经历与 QQ 的混合生存环境后早已一枝独秀，加之公众号、小程序、短视频等各种服务的延伸，微信和 QQ 已没有任何相关的领域可以拿来比较。

蘑菇定律不仅体现在产品的市场环境上，还体现在产品的某些功能上。例如苹果手机的 home 悬浮球设计，对于安卓手机用户，第一次使用时可能会吐槽这个设计，并被调侃为碍手碍脚的蹩脚设计。但是，当用户真正习惯了使用 home 悬浮球后，如果某一天突然将其关闭，用户会发现很不适应。

3. 蘑菇定律的运用要点

蘑菇定律强调，产品在不被认同的环境中使用一段时间后，会随着时间的推移慢慢被用户所接受。但并不是说所有产品都会经历这个过程，因此，在产品设计中，我们必须注意蘑菇定律的运用要点。

（1）时间属性只是一个条件

蘑菇具有自身条件的优劣之分，而产品的成功也与其定位是否符合目标市场相关。蘑菇能够在恶劣的环境中经过自我磨炼默默生长，其自身的特质尤为重要。如果蘑菇自身条件不佳，在任何环境中都无法生长。同理，如果一个产品在某些阶段不被用户所接受，我们一定要去甄别产品的定位是否符合目标市场的用户定位，而不是单一地从时间属性上关注产品。如果产品的定位不符合目标市场，即使时间再长也不能给产品带来任何优势。

（2）蘑菇定律的生命周期

蘑菇的生长具有一定的生命周期。一旦超过这个生命周期，即使是美丽的蘑菇也会消失。同样，产品也具有生命周期，因为用户不可能长时间喜欢一款产品。因此，在产品规划设计阶段，产品经理必须掌握每个阶段的生命周期，否则用户会抛弃你的产品。例如，在上述案例中，如果微信仅仅是一个即时聊天的社交工具，或许早已消失。

5.6　手表定律：切勿目标不清晰和需求不明确

1. 什么是手表定律

拿破仑曾说："宁愿让一个平庸的将军带领一支军队，也不要让两个聪明的将军同时带领一支军队。"两个聪明的将军很难达成一致的意见，也很难使军队获得胜利。这就是所谓的"手表定律"。那么，什么是手表定律呢？下面分享一个小故事。

从前，森林里有一群猴子，它们每天日出时出去觅食，日落时回家休息，过着无忧无虑、幸福美满的生活。突然有一天，一群游客闯入森林，从此它们的生活变得一团糟。

一个明媚的春日，一群游客来到森林里踏青。其中一个游客将一块手表落在了岩石上，忘记带走了，恰好被出来觅食的聪明猴子麦克捡到了。麦克很快搞清楚了手表的用途，于是森林里的许多猴子前来找麦克询问确切的时间。没过多久，麦克成了森林里的明星，并成功地成了每天出入觅食并回来休息的时间规划大师。此后，它还当上了猴王。

当上猴王的麦克认为是手表给它带来了好运。为了让这种好运延续，它在深林里开始寻找，希望能够捡到和现在一模一样的手表。功夫不负有心人，麦克终于在一个午后找到了一块手表。但出乎麦克的意料，两块手表上的时间并不一致。每当其他猴子前来询问时间时，麦克都支支吾吾，不知道该告诉猴子们哪个时间。很快，麦克在猴群中的威望大大降低，因为整个猴群的生活作息因它变得一团糟。猴子们再也不相信麦克了。

为什么会这样呢？简单分析一下，当麦克只有一块手表时，它们并不知道这块手表的时间是否正确，但是它们能够根据这块手表的时间正常地生活。而当麦克拥有了两块手表时，因为时间不一致，麦克不能很好地为它们规划作息时间。这反而会让猴群对看表作息失去信心，这就是著名的手表定律——拥有两块以上的手表并不能帮助人更准确地判断时间，反而会制造混乱，让看表的人失去对时间的判断。

2. 手表定律的启示

在产品规划的早期阶段，我们认为商业画布的思考必不可少。商业画布能够清晰地阐述产品设计的规划方向和目标定位。同样，在产品设计中，需求也是一个至关重要的因素。一个明确的需求是产品成功的方向舵手。需求不明确将会使产品陷入万劫不复的境地。手表定律给了我们一些应用启示：产品设计时需避免目标不清晰，需求不明确。麦克因时间不明确而失去了同伴的信任，产品也会因目标不清晰、需求不明确而失去真正的用户，从而走向失败。

（1）产品设计切勿目标不清晰

由于麦克拥有两块手表，无法帮助大家确定何时寻找食物，何时回家休息。在产品设计中，我们经常发现很多产品经理在制定规划时，没有一个完整的商业画布，只是按部就班地推进，遇到困难时再重新思考。无疑，这样的产品规划最终会导致失败。

一款产品的成功，产品目标定位是第一位。在产品规划阶段，要先在头脑中想清楚产品的整体轮廓，然后再通过文档等方式呈现出来。比如，在设计一款购物 App 时，一定要搞清楚产品的目标定位，除了实现电商购物产品的整个逻辑设计外，还要明确产品的核心优势。不能因为今天看到京东是这么设计的，就把京东的设计拿来用；明天看到淘宝是这么设计的，就把淘宝的设计拿来用。最后的结果就是四不像。

（2）产品设计切勿需求不明确

在产品设计中，一定要有明确的需求。例如：一个商人想要长期在 A 地和 B 地之间往返，但是这两个地方之间有 10 米宽的河道。商人找到建筑公司寻求最佳的方案，建筑公司问商人是否有具体的要求，商人回答说只要能从 A 地到 B 地即可，于是建筑公司提供了三种解决方案。

方案一：游泳圈，夏季天气炎热，商人可在河道借助游泳圈游过去，既可以渡河，又体验了游泳的乐趣。

方案二：架设一座桥，无论何时，商人都可以自由顺畅地通过大桥来往于 A 地和 B 地。

方案三：豪华游艇，通过乘坐游艇，享受不一样的惬意风光，一边渡河，一边欣赏河岸景色。

原本只是为了解决渡河的问题，但由于需求不明确，建筑公司对三种方案都进行了实施。商人不仅花费了高昂的费用，而且每次渡河时，依旧不知道该选择哪种方式。

假设商人在向建筑公司描述需求时，只要求快速、不受任何环境影响、长期自由通行以及价格适中的方案，这时，我们认为架桥是最合适的选择。这样一来，他就既节约了购买游泳圈和豪华游艇的费用，也解决了每次无从选择的尴尬。

（3）产品设计切勿无主见

同一个用户需求，经过用户 A 和用户 B 的描述，发现两者的需求不一样，如果产品经理对此不能明确判断，就会出现昨天刚按用户 A 的需求成功上线了产品，今天又要按用户 B 的需求开始产品的重构的问题。

就用户登录加载逻辑而言，用户 A 认为登录加载提示应该做到全局页面提示，而用户 B 则认为将它放在登录按钮上即可。

用户 A 的需求没有错，用户 B 的需求也没有错，作为产品经理如果按用户 A 的需求设计了产品，则用户 B 也会提建议。显然，这样的做法是错误的。正确的做法是先收集用户 A 和用户 B 的需求建议，但并不决定采用哪一套，因为手表定律告诉我们，无论采用哪一套都无法满足用户需求。此时，产品经理必须有一套自己的产品规划设计逻辑，并有理有据地说服用户 A 和用户 B，让两者的个性需求符合大众心理需要。

3. 手表定律的运用要点

手表定律是一种矛盾选择定律。在产品设计中，我们研究市场、同行和竞品，实际上就是手表定律的现实实践。有时候，研究得越多，学到的越少，越是研究反而越是矛盾。最后，产品可能无法达到预期效果。

（1）切勿照猫画虎

在现实的产品设计中，手表定律给我们提供了一个警示：调研竞品时，我们习惯于收集大量竞争对手的产品设计方案，试图从中提炼出一些优秀的产品解决方案。但当我们真正尝试时，却发现它们的共性实际上就是个性。

并不是说拥有越多的竞争对手信息就能越好地设计产品。有时候，信息越多，提炼共性就越困难，越难以找到重要内容，总是东一棒子、西一榔头地组织各种碎片化信息。例如：原本是想设计一只老虎，最后因为看了猫，照着猫画了一只虎。

（2）切勿东施效颦

手表定律也提出了警示，不要胡乱模仿，效果可能适得其反。在产品设计过程中，即使是相同的业务背景，也要学会变通。事物千变万化，规律是死的，而产品是活的。因此，一定要根据不同的情况灵活运用，而不能生搬硬套。

以新零售平台解决方案为例。在该行业中，比较认同有赞和微盟两家公司的产品。无数的新零售公司纷纷模仿，将产品目标口号定位为打造一个与有赞或微盟类似的新零售平台。然而，这种出发点本质上就是错误的。有赞和微盟属于两种不同类型的公司，它们的产品在定位上存在很大的差异。因此，无论如何也不能简单地打造一个和它们一模一样的平台。

在产品设计中，存在着一个怪圈。我们经常去效仿行业中的佼佼者，以为只要参照、抄袭，就一定能成功。然而，参照过多会让产品失去自身的定位。因此，我们认为，效仿学习的环节固然不可少，但切勿东施效颦。

5.7　卡贝定律：适当放弃才能带来创新

1. 什么是卡贝定律

卡贝定律又称卡贝定理，是由美国电话电报公司前总裁卡贝提出的。该定律指出，放弃是创新的关键，适当放弃有时甚至比争取更有意义。

日本钟表企业精工舍的成功就是运用了这一定律。成立于 1881 年的精工舍，生产的石英表远销世界各地，其销量长期位居世界第一。然而，在其发展历程中，这样的企业也经历过艰难的时刻。

1945 年，服部正次任精工舍第三任总经理。由于日本刚从战败阴影中走出，整个国家百废待兴，各个工业企业均受到影响。此时的瑞士由于没有受到战争的影响，其机械手表在市场上占据了主导地位。在这种内忧外患的情况下，服部正次突然意识到，无论精工舍在产品打磨上下何种功夫，也难以追赶瑞士手表的质量。于是，服部正次调整了企业战略，决定放弃机械手表的生产，转而投向新产品的研发。

精工舍经过几年的沉淀，终于在服部正次的带领下研发出一款新产品——石英电子表。该产品于 1970 年投入市场，万万没有想到的是，石英电子表一上市立即引起了整个钟表界的轰动，成为精工舍的骄阳之子。到 1970 年后期，精工舍的手表销量跃居世界首位。正是因为服部正次的"放弃战略"才有了精工舍的石英电子表的成功。虽然放弃存在风险，但未尝不是一次机遇。

2. 卡贝定律的启示

卡贝定律启示我们，一款产品应该成为企业的灵魂，而不是企业的累赘。企业需要适当地放弃某些产品的投入，才能在新的领域带来创新。例如，通用电气以行业第一为项目成功的标准，如果做不到就放弃；万科放弃电器贸易项目，专注于房地产；Intel 公司放弃存储器，专注于 CPU；苹果手机放弃指纹解锁，专注于极简主义的人脸解锁。因此，我们认为放弃并不是妥协，而是另一种创新。

苹果公司以极简主义著称，长期以来一直践行卡贝定律。以手机解锁功能为例，在杂乱的手机市场中，解锁功能的设计也是五花八门。常见的方式有滑动密码解锁、指纹解锁、视网膜解锁和刷脸解锁等。虽然不确定哪种解锁方式最为便捷，但是多种解锁方式共存的手机市场，确实让用户体验不佳。在不断变化的市场环境中，苹果手机也在寻找最佳的解锁方式。我们先来回顾一下苹果手机的解锁历史，如图 5-12 所示。

- 滑动解锁阶段。早期的苹果手机，如 iPhone 4，采用了滑动输入密码解锁的方式。这种方式在当时颇为新颖，引起了很多其他厂商的效仿。

图 5-12 苹果手机的解锁

- 指纹解锁阶段。通过手机 home 键触发指纹解锁，常见于 iPhone 4S 以后的手机。但存在一个问题，苹果 home 键容易损坏，这会给指纹解锁带来很大的麻烦，即使修复后也不能回到原来的解锁状态。

- 刷脸解锁阶段。随着全面屏手机的普及，苹果手机开始尝试刷脸解锁。在其他手机还在广泛采用指纹解锁时，苹果手机早已丢弃指纹解锁。但是，由于疫情大家佩戴口罩，刷脸解锁就面临一个问题：佩戴口罩的用户无法被手机识别。因此，苹果手机开始创新，佩戴口罩的用户也能进行刷脸解锁。

苹果手机坚持以刷脸解锁作为主流解锁方式，并走在了创新前沿。

（1）多种解锁方式并不符合苹果公司的极简主义

苹果手机因其自身质量过硬和精湛的设计而受到众多消费者的追捧。以机型为例，苹果手机没有五花八门的手机型号，其机型的命名和版本迭代都按照一定的规律进行。从 iPhone 4 一直到如今的 iPhone 14，外观设计大同小异，最多是在颜色和尺寸上做了调整。

因而，对于苹果手机的解锁而言，是不可能保持多种方式的，这一点有待其他品牌的手机效仿。越是复杂的功能设计，就越应该简单化。

（2）全面屏的指纹解锁没有刷脸解锁便捷

使用过屏幕指纹解锁的用户都有一个直观的印象：当屏幕不点亮时，根本不知道指纹应该放在何处。每次都要先触摸屏幕，才能使用指纹解锁，非常不方便。特别是全面屏手机，很容易弄花屏幕。有时候一不小心在屏幕上撒上水，指纹解锁的灵敏度就会下降，这样的问题层出不穷。

或许苹果手机正是看到指纹解锁的各种弊端和不友好的用户体验，因此慢慢用刷脸解锁取代了指纹解锁。从用户体验来看，刷脸解锁在操作上更加便捷。

3. 卡贝定律的运用要点

在产品设计领域，经常会讨论产品功能堆砌的话题。即使一个产品拥有很多功能，用户真正使用的也很少，甚至在产品生命周期结束时，很多功能都未被使用。卡贝定律告诉我们，产品设计应该简单、专注，越简单越好。

（1）少即是多

无论是用户对产品的使用需求，还是产品经理对产品的设计规划，都经常执着于"多"这个词。用户会抱怨为什么其他产品有那么多功能，而产品经理则会强调我们的产品功能已经覆盖了80%的客户需求。这是一种错误地执着于多功能的现象。

无论是用户还是产品经理，都认为"多"是好产品的象征。然而，卡贝定律告诉我们，在产品设计中，多并不能解决用户的所有需求。只有真正符合用户心理需要、匹配市场行情的设计才能促进产品的良性发展。一味追求产品功能的增多会使产品变成需求叠加的工具，在越来越臃肿的情况下让产品走到消亡的边缘。因此，放弃对多的追求其实就是一种对少的极致创新。

（2）简单亦是复杂

把一款产品设计得很复杂是一件非常容易的事情，而把一款产品设计得简洁明了却很困难。微信公众号就是一个案例，至今也没有找到合适的方式对众多公众号的信息进行展示，所有的入口都汇聚到订阅号入口，导致很多公众号无法更好地曝光。

曾经有产品设计师调侃：以社交著称的微信为什么要把一个信息展示的功能做得如此复杂？张小龙也曾在微信公开课上谈论过这个问题，他认为公众号就是一个错误的设计，原本只是一个信息推送的功能，后来却做得越来越复杂。卡贝定律的运用要点就是要遏制产品复杂化的设计，时刻谨记适当取舍，才能创新。

5.8　木桶定律：抓住决定性的短板需求

1. 什么是木桶定律

木桶定律，又称水桶理论，是美国管理学家彼得提出的。该定律指出，一只木桶盛水的多少并不取决于桶壁上最长的那块木板，而恰恰取决于桶壁上最短的那块木板。这是因为水是向低处流的。如果木桶存在短板缺口，那么它的盛水量自然只能达到最短木板的高度，无法盛装更多的水。

从产品心理学的角度来看，用户的心理也是如此。人们常说"人往高处走"，说的就是人们总是向上攀登，追求更好的生活。这也是用户的一种习性。如果将木桶比作产品，将容量多少视为产品优劣的衡量标准，我们会发现用户更喜欢容量大且没有短板的木桶。

木桶定律给产品设计提供了一些启示，即用户的心理模型会发生变化，需求也会发生变化。这也是一家公司经常对旧产品进行打磨并推出新产品的原因。本质上，这是为了增加"木桶"的容量，让用户不断变化的需求可以通过产品的不断升级来满足，弥补企业的短板。

2. 木桶定律的启示

互联网内容传播主要以文字、图片和视频为主。微信作为社交领域的霸主，对于市场上日益增加的社交产品，从未放弃过探索。以短视频内容为例，我们不难发现，腾讯始终没有抓住短视频的红利。对于腾讯而言，这是一项短板。要想在互联网生态系统这个木桶中继续缔造神话，腾讯必须采取围追堵截的策略来在短视频上发力。

早在 2011 年微信发布 2.5 版本时，就出现了短视频的雏形。当时，可以支持即拍即发的短视频，但只限于好友之间的聊天互传。然而，由于短视频经过压缩会变得模糊，而且视频长度也只有 15 秒，因此用户体验并不好。2012 年 4 月朋友圈上线后，也仅仅支持短视频的社交分享。

一直到 2013 年，为了应对新浪微博、秒拍和快手等短视频产品的竞争，腾讯研发并上线了腾讯微视。然而，微视并没有立即成功，或许是因为产品定位不够明确，没有得到用户的青睐。因此，2017 年 3 月，腾讯战略投资了快手，微视也随之偃旗息鼓，彻底从用户的视野中消失。

随着抖音这个强大的竞争对手的崛起，腾讯意识到其在社交领域的地位受到了冲击。因此，它在 2018 年重新启动了微视。然而，微视并没有引起广泛关注。我们曾经在发朋友圈的动态按钮中看到过微视的身影，但它很快就消失了。我们推测微视的产品定位仍然不够清晰，仅被视为微信中的一个应用工具，无法提供更好的用户体验。

然而，腾讯并没有因为在短视频领域的不足而放弃。相反，它于 2020 年 1 月上线了视频号，为自己的短视频生态系统注入了新的活力。视频号不仅填补了腾讯在短视频领域的空白，也为腾讯旗下的泛娱乐短视频和直播提供了更多的机会和空间。我们来回顾一下微信视频号的发展历程。

第一阶段：雏形打磨，时间是 2020 年 1 月至 2020 年 6 月。这半年的时间里，视频号通过内部测试和紧密的安排后上线。该产品位于朋友圈下方，可见微信对其高度重视。只可惜这个阶段的产品只能发布 1 分钟以内的视频和 9 张静态图片。

第二阶段：高速发展，时间是 2020 年 6 月至 2020 年 10 月。在这短短几个月的时间里，视频号的基础产品框架逐渐成熟，用户可操作的功能也更加丰富。例如：用户可以查看自己关注的用户、好友推荐、热门推荐以及附近入口等。当然，社交互动的评论功能增加了弹幕评论。同时，视频号的直播功能也进入内测阶段。

第三阶段：商业探索，时间是 2020 年 10 月至 2020 年 12 月，仅仅两个月。在此阶段，微信启动了商业变现探索，实现了视频号直播与微信公众号、朋友圈、微信小店等的互通，深耕视频号的产品生态。同时，我们发现视频号出现了一些新的能力，比如基于 LBS 机制进行视频直播内容的精准推送，在附近功能中使用了剪影的视频剪辑工具，并推出了微信豆等虚拟道具产品。

第四阶段：强大升级，时间是 2020 年 12 月至今。视频号在上线了连麦、美颜、打赏、抽奖等功能的同时，还融合了腾讯旗下的各种产品，如微信红包和企业微信。在产品应用方面，2021 年，西城男孩在微信视频号上举办的演唱会，累计观看人次超过了 2700 万。五月天跨年演唱会的观看人数也超过了 1400 万。而 2022 年，央视春晚在微信视频号"春晚"上以竖屏形式独家直播了虎年央视春晚，累计观看人数接近 1.3 亿。

作为腾讯互联网生态体系木桶战略的短板，视频号在短短几年内就在短视频市场站稳了脚跟。这得益于视频号强势入局，并依托微信庞大的社交流量。这意味着视频号已经有能力与抖音、快手形成三足鼎立之势。未来，视频号将加速流量工具上线，进一步深化商业战略布局。

3. 木桶定律的运用要点

（1）抓住决定性因素

在管理学中有个二八定律，即事物发展的决定因素只有 20% 是重要内容，其余 80% 为辅助内容。同样，在产品设计中也有这个二八定律，即一款成功的产品其核心功能占 20%，其余 80% 为辅助功能。因此，在产品设计中一定要抓住占决定性因素的核心功能。我们认为，这是产品成功的关键因素。

以一个定位为拍照的 App 为例，其核心功能是满足用户正常拍照的需求，而美颜和装扮等功能为辅助。如果相机拍照功能本身没有被设计好，同时又花费大量时间去设计辅助功能，那么这就是最大的短板。

（2）接受不完美

在产品设计中追求极致固然是好事，但实际并没有百分之百的极致。即使受用户喜爱的苹果手机也经常收到用户的吐槽，如刘海屏的设计、过于宽大的边框、不耐用的电池等。因此，适当接受产品的不完美是必要的，只有在缺陷的设计中才能找到解决方案。

5.9　250 定律：遵循用户就是上帝的传播逻辑

1. 什么是 250 定律

250 定律是美国著名推销员乔·吉拉德在商海工作中总结出来的。我们也许会好奇：为什么是这个数字？它有什么含义？乔·吉拉德给出了这样的定义："每个用户的身后都会有 250 位熟人，包括朋友、亲戚、同事。如果我们赢得了一位用户的好感，就意味着赢得了 250 个人的好感；反之，

如果得罪了一位用户，也就意味着得罪了 250 位用户。"这一定律的启示是
"用户就是上帝"。

从心理学的角度来看，我们可以将 250 定律理解为一种洞察用户心理
的方法。通过了解一个用户的心理偏好，就可以赢得他周围人的好感。因
为一个用户对其周围人的影响力具有辐射作用，可以直接影响到一群人。
虽然 250 定律认为这个人群有 250 个用户，但实际上 250 只是一个概数，
用于说明一个人影响的群体很大。

在实际生活中，这样的场景随处可见。例如，我们被推荐某种商品，
通常是因为推荐者首先享受到了该商品的好处，然后才会将其推荐给他人。
还有我们常说的"老带新"销售策略，如果我们向客户提供良好的服务，
让他享受到服务的好处，那么他一定会带来新朋友体验这种服务。

2. 250 定律的启示

我们发现，有些设计功能是定向提供给用户使用的。通常情况下，用
户可以根据自己的偏好选择是否使用这些功能，如邀请设计、评价设计或
关怀设计。

（1）邀请设计

大多数应用程序都有邀请好友功能。这种看似简单的邀请实际上涉及
产品心理学的逻辑，主要利用的是用户的赚钱心理。对于平台方来说，邀
请好友功能的主要目的是拉新，促使老用户自发邀请新用户，增加平台的
用户量。

以拼多多的"天天领现金"为例。活动形式其实并不复杂，用户参与
天天领现金活动，活动金额累计 100 元就可以提现。每当用户点击天天领
现金活动时，就会获取一定金额的奖励红包，但该金额不足以达到 100 元。
活动限时 24 小时，在此期间，通过邀请好友点击助力，每次点击都能使邀
请人获取随机金额的红包，但并不多。如果在 24 小时内累计达到 100 元，

则可以提现，否则活动参与失败。

假设用户 A 参与了天天领现金的活动，获得了 98.56 元的红包。当用户尝试提现时，提示用户需要达到 100 元才能提现。此时，用户可以邀请好友来助力。好友的助力可以使用户 A 获取助力红包，同时好友也能得到现金红包。此外，好友还可以邀请其他好友参与，这样循环往复地邀请好友助力，只要好友助力成功，用户 A 就能提现 100 元。

从 250 定律出发，我们来剖析"天天领现金"活动的邀请设计。该产品的定位是提高用户注册率和产品活跃度。通过实打实的现金提现福利诱惑，让拥有好友资源的用户享受到红利，并进一步转发推广"天天领现金"功能。100 元现金红包足以让用户参与活动，只要有一个用户成功提现，就能起到一传十、十传百的连锁效应。最终，拼多多成功地将该产品推广开来，而且成本极低。

（2）评价设计

在电商购物应用中，商品详情模块通常包含评价功能，旨在让购买者发表首次评论和追加评价。我们认为，评价设计作为商品属性的补充也是巧妙地运用了 250 定律。从用户从众的角度来看，一个用户对产品的评价会直接影响其他用户的购买行为。因此，无论是好评还是差评，都会对用户传播产生同样的效果。

当我们打开某个电商购物应用时，如果被商品内容所吸引，我们的直观反应并不是关注商品本身的特性，而是寻找用户如何评价。如果评价不错，我们才会选择查看商品的特性；如果评价很差，我们大概率会否定商品。

因此，几乎所有的电商购物应用都会围绕评价做很多用户体验设计。

- 内容形式的多样化：如文字、图片、视频、表情、点赞以及是否有用。

- 评价层级深化：一评、二评、首评、追评。

250 定律的运用也体现在某些需要寻找用户认同的产品设计中，比如内容产品和视频产品中的点赞设计。其点赞逻辑同样是为了传播，引起用户的情感共鸣，比如：在一款产品中，对于评价内容，如何体现其是否受其他用户欢迎？通过点赞设计的数量叠加就能够很直观地体现出来。

（3）关怀设计

在互联网中，存在两类特殊的用户：近视眼用户和老年人用户。这两类用户有一个共同的特点，即需要比普通用户更大的字体才能看清楚内容。在一些产品中，我们发现有专门为这两类用户设计的功能，如微信的关怀模式和今日头条的大字模式。

1）微信关怀模式。微信关怀模式面向老年人和近视眼用户。用户开启关怀模式后，文字会更粗，色彩更鲜艳，按钮更大，同时还可以开启听文字消息功能。

2）今日头条大字模式。今日头条的大字模式同样面向老年人和近视眼用户，只需开启大字模式即可享受更大的文字和按钮、更鲜艳的颜色、更清晰的辨识度以及更省力的阅读体验。

无论是邀请设计、评价设计还是关怀设计，都应该遵循一个逻辑：用户就是上帝。产品功能设计只是一种表现形式，其目的是为用户提供服务，提升用户的参与感。这才是"250 定律"所要表达的中心思想。

3. 250 定律的运用要点

用户对产品的使用反馈是产品成功与否的试金石。一款产品是否得到用户的认同，直接影响其生命周期。既然用户对于产品这么重要，那么只要满足用户的所有需求，就能留住他们吗？答案是否定的。因此，在运用250 定律时，需要注意以下两点。

（1）相信用户，但不全信

在 3.2 节中介绍了一个案例，强调了不要只听用户说什么，而要看用户做什么。然而，在 250 定律中，我们还需要补充一点，即用户的行为也可能会对产品经理造成困惑。因此，我们要相信用户，但不能全信。

比如，一家制造汽车的公司经常收到客户的需求：既然贵公司在汽车制造领域这么专业，何不生产一种既可以在陆地上跑又可以在天上飞的交通工具？汽车公司在多次收集用户需求后，认为这会是一个新兴市场，决定生产这种交通工具。于是汽车公司开始量产，等新型交通工具上市时发现，客户对需求并不强烈，同时现行的交通法规也不允许这种新型的交通工具上路。

（2）打蛇打七寸，找到需要服务的真正客户

"250 定律"强调，只有当我们服务好真正的用户时，才能间接服务好他身后的所有用户。因此，找到真正的用户非常关键。就像打蛇打七寸一样，必须找到打死一条蛇的致命要害。一般认为蛇的七寸是蛇的心脏所在位置，是蛇的关键部位。只有打中这里，才能将蛇打死。如果目标不正确，打在蛇的尾部，蛇是不可能死亡的。

第 6 章

产品设计中的心理学效应

美国心理学家亨·奥斯汀说："这个世界上除了心理上的失败，实际上并不存在什么失败。只要不是一败涂地，你一定会取得胜利。"这句话的意思是，当我们面对失败时，只要保持乐观的心态，就一定会取得成功。这实际上是一种心理学效应。

比如以下这些现象：

- 为什么我们把新买的鸟笼放在家里最显眼的地方时，过一段时间我们会做出扔掉鸟笼或购买一只小鸟的行为？
- 为什么一个人被标注为好人，他就会被一种积极、肯定的光环所笼罩，同时他也会被赋予一种好人的品质，而一个人被标注为坏人，他就会被一种消极、否定的光环所笼罩，同时他也会被赋予一种坏人的品质？
- 为什么我们总是受到别人不同程度的影响，会自觉地把自己喜欢的、佩服的、崇拜的人当作模仿对象，把自己讨厌的、厌恶的、憎恶的人当作警示对象？

以上种种都是人们心中最常见的心理现象和心理反应，我们称其为心理学效应。所谓心理学效应，是指人们在思考、感知和行动时，受潜意识或无意识因素的影响而形成的一系列心理现象。

我们发现，用户在使用产品过程中会受到心理学效应的作用而表现出不同的反应。这些反应可能表现在用户的购买行为、使用习惯及对产品的评价等多个方面。因此，本章将详细探讨心理学效应对用户行为的影响，并且深入探讨如何使用这些心理学效应去设计产品，以更好地满足用户的需求。

6.1　蔡格尼克效应

1. 什么是蔡格尼克效应

蔡格尼克效应是立陶宛心理学家布尔玛·蔡格尼克在一项记忆实验中发现的心理现象。她让被试者做22件简单的工作，它们各不相关，如写下一首自己喜欢的诗、从55倒数到17、把一些颜色和形状不同的珠子按一定的模式用线穿起来等，要求完成每件工作所需时间大体相等，一般为几分钟。在这些工作中，只有一半允许做完，另一半在没有做完时就受到阻止。允许做完和不允许做完的工作出现的顺序是随机排列的。实验结束后，立刻让他们回忆做了22件什么工作。结果出乎意料，被试者对于未完成的工作平均可回忆68%，而已完成的工作只能回忆43%。

下面举几个小案例，看看大家是不是也有这些行为。

- 开会前，我们查看了手机，发现App有消息推送，但是又要急着开会，我们并没有打开，于是在开会过程中我们总是偷偷地想去查看。
- 对于上周已经结束的工作，我们并不能记住太多，但是对于下周即将开始的工作内容，我们却铭记于心。
- 我们宁愿熬夜也要把一整部电视剧看完，甚至有时候把拍摄的花絮也一并看了。

其实，这些都是蔡格尼克效应的作用。蔡格尼克效应是指人们对于尚未处理完的事情，比已处理完的事情印象更加深刻。

为什么会出现这样的心理状态？这是因为已完成的事情已经满足了我们的心理欲望，而对于尚未完成的事情，我们的心理动机会自发地推动我们对此产生好奇。

2. 蔡格尼克效应与产品设计

在产品设计中，很多常见的功能都运用了蔡格尼克效应，只是我们疏于将其与心理学效应进行联想。比如签到设计、学习打卡、分步设计等功能。

（1）签到设计

让我们思考一个问题：为什么很多 App 都有签到功能？这个功能最初是为了通过签到赠送福利来吸引用户打开 App 并提高活跃度。但是，为什么用户要参与签到活动呢？

从用户贪婪心智的角度来看，用户无法抵挡福利的诱惑，例如，中国移动通过签到设计可领取流量和优惠券，每天签到都能领取不同数量的流量，用户何乐而不为？

然而，从另一个角度来看，这也是蔡格尼克效应的一种推动作用。用户已经习惯了签到获得福利，如果中途突然中断了这种操作，他们内心会感到不安。为了消除这种不安情绪，用户会时刻记住每天未完成的签到操作。

产品设计的关键在于抓住用户对未完成事物印象更加深刻的心理。在签到设计中叠加奖励诱惑，用户会在贪婪心智的推动下不断地重复着蔡格尼克效应。

（2）学习打卡

与签到设计不同，学习打卡的设计模式更加体现了蔡格尼克效应。签到设计通过奖励诱惑促使用户完成操作，而学习打卡则是一种习惯性操作，因为学习打卡并没有直接的奖励引诱。

假设有一天我们没有完成打卡，一定会感觉到很难受，甚至会认为自己偷懒了。这是因为已经完成的学习记录给我们心理上的满足感，而未完成的打卡会让我们变得更加渴望，促使我们坚持每天学习并打卡。

此外，我们还发现一些学习打卡应用增加了同比和环比的数据对比设计，使用户能够更清晰地感受到自己的进步。这些应用会定期提醒用户对比今年和去年的打卡记录，以此来制订未来的目标计划。这种数据对比设计在健身打卡应用中非常常见。

（3）分步设计

在产品设计中，为了减少用户在录入或浏览信息时的心理恐惧，以及让用户了解完成某些任务的进度，我们注意到一些产品通常采用分步设计，如进度条设计、账户注册设计和折叠面板设计等。下面我们简要介绍一下折叠面板功能。

折叠面板手风琴效果是产品设计中常用的，尤其是当操作需要分步骤及信息录入过多时，其目的是提醒用户在某个步骤重点关注需要完成的内容。

采用分步设计有以下两个好处：

第一，用户喜欢有规律的排列，规律性使得用户更容易使用。

第二，降低用户的操作难度。因为在进行每个分步操作时，用户并不清楚所需的信息，只有在完成一步操作后，才会发现需要录入的信息。

实际上，分步设计巧妙地应用了蔡格尼克效应，引导用户对未操作区域产生好奇心，从而推动用户一步一步地完成操作。

6.2　锚定效应

1. 什么是锚定效应

A 厂是一家生产饮料的企业。当它新研发的一款功能饮料投入市场后，被当地一家大型生鲜超市引入作为当季新品促销。然而，引入超市两个月以来，这款功能饮料的销售量一直很低，甚至无人问津。A 厂的销售人员在进行市场调研时，得到了超市导购的反馈：前来购买功能饮料的消费者都觉得价格太高，纷纷选择购买其他同类型饮料。

A 厂在产品上市前就已经进行了摸底定价。超市只是在当前定价基础上做了小幅度的调整，但不足以被消费者认为是高价饮料。

因此，超市负责人和 A 厂的销售人员想出了一个策略，即将 A 厂的功能饮料放在价格相差不大的其他饮料旁边。与其他饮料厂商相比，A 厂的功能饮料价格适中，不是最高也不是最低。但就是这么一放，发生了一个奇怪的现象：原本被消费者认为价格太高的功能饮料的销量有了明显的提升，在短短的一周内，就已经超过了同等功能饮料的销量。

这不禁让超市负责人和 A 厂的销售人员感到疑惑。是什么让消费者改变了以往的看法呢？最终，A 厂的销售人员给出了答案：这是因为 A 厂的功能饮料放在一个价格居中的位置。消费者前来购买饮料时，一定会看旁边饮料的价格。一般来说，消费者容易受到对比的影响，高价不买，低价品质得不到保障，所以很有可能就会选择中间价格的商品。这其实就是锚定效应。

锚定效应又叫作沉锚效应，指的是人们在直接判断某件事物或某个人时，很容易被第一直觉或第一手信息所影响，使思维方式固定在某个客观角度。就像轮船上的锚沉入海底一样，被固定在某个位置。

2.锚定效应与产品设计

锚定效应的应用非常广泛，下面举几个利用锚定效应设计产品的常见案例。

（1）价格锚定

在电商商品中，我们总能看到商品列表和商品详情页面中有关商品价格的各种锚定设计，一般有以下几种模式：

1）秒杀商品价格。通常包含正常购买价格和秒杀购买价格。

2）为了引导用户开通会员所尝试的商品价格设计。同样包含了两个价格，一个是正常价格，一个是会员价格。

3）关于折扣商品的价格设计。通常包含商品原价、折扣力度及打折后的价格。

为什么要这样设计呢？直接给出最低价格不就可以了吗？为什么要绕这么一大圈，最终只是为了说明价格很优惠呢？其实这就是利用了锚定效应。它的目的是想告知消费者，原本高价的商品现在选择让利给消费者。与高价商品相比，消费者会认为自己得到了优惠，最终毫不犹豫地选择购买商品。

（2）信誉锚定

在网上购物时，我们常常会受商家的星级和商品销量的影响。例如，同一类产品如果售价相同，我们会选择销量和评价比较高的商品进行购买。

假设我们想要购买一套梁晓声的书籍《人世间》，我们可以简单模拟一下购买心理：首先，在某应用上输入"人世间"。接着，我们会根据销量排行选择某个商家的商品进行查看。此时，我们一定会选择店铺星级较高的店铺，而不会选择店铺星级较低的店铺，尽管我们并不知道店铺星级是不是商家正常获取的。

这种心理效应也是一种锚定效应。我们会在星级和销量之间选择占据优势的商家商品，认为星级高和销量多的商家的商品就是最恰当的选择。而产品在设计时也是基于这个逻辑，很好地满足了用户的心理期望。

（3）行为锚定

在产品设计中，行为锚定的应用随处可见。例如，某优惠活动吸引10 万用户参与；某商品被 100 万用户推荐；某篇文章、某个短视频获得1000 万用户的点赞。在这些设计中我们发现一个规律：通过叠加数量来营造一种行为锚定，继而影响后来用户的操作行为。

一般来说，"锚"只要被人们注意到，无论其数据是否夸张，是否有实际参考价值，或者是否提供了提醒或奖励，锚定效应都会生效。

例如，在短视频中，点赞数量、评论数量、收藏数量和转发数量等功能设计会对浏览视频的用户产生影响，从而影响他们做出相同的操作。同样，在商品推荐和评论功能中，用户会关注商品的推荐量和评论数量，数量越多，用户会认为该商品越受欢迎。用户之所以会出现这些情况，其实都是因为他们被行为锚定了。

实际上，锚定效应是用户潜意识里自然生成的，是用户的一种天性。由于这种天性的存在，用户在实际决策过程中容易形成偏差，从而影响自己的操作行为。需要特别说明的是，锚定效应与我们前面章节介绍的直觉思维具有本质的区别。锚定效应侧重于第一印象和先入为主的心理状态，而直觉思维则是在人们大脑中长期沉淀形成的一种固有思维，强调的是当前所看到的与大脑历史所接触的进行对比后的直观印象。

6.3 雷斯多夫效应

1. 什么是雷斯多夫效应

在日常生活中，我们经常会遇到这样的情况：当某些事情或物品具有特殊的特点时，我们往往容易记住它们，并且在很长一段时间内不会忘记。比如，一提到王老吉，自然会想到它的广告词"怕上火，喝王老吉"。

也许我们认为这是广告公司的营销策略，感到很疑惑。但其实这是一种心理学上的效应，叫雷斯多夫效应（又叫莱斯托夫效应），常指相较于普通的事物，人们记住那些独特或特殊事物的可能性更大。

举一个案例进行说明。职场中很多人喜欢使用番茄时间管理法，其使用步骤为：选择一个待完成的任务，将番茄时间设为 25 分钟，专注于工作，中途不允许做任何与该任务无关的事，直到时钟响起，然后短暂休息一下（比如 5 分钟），再开始下一个番茄时间，每 4 个番茄时间多休息一会儿。

其实，番茄时间管理法就是借助雷斯多夫效应来实现"当下清单"，也就是把明确的事项写在一张纸条上，标注当前需要完成的事项，而忽略其他不在番茄时间内的事项，待完成后再更新，直到完成所有的事项。

2. 雷斯多夫效应与产品设计

雷斯多夫效应在产品设计中的应用主要体现为视觉设计和交互设计，即如何通过视觉设计和交互设计引起用户注意，抓住用户眼球，提升产品的使用率、点击率和转化率。我们通过一些具体的案例进行说明。

（1）突出重点设计

订单转化率一直是电商购物产品设计考核的重点。过去，我们认为要提高订单转化率，主要是从营销策略方面入手，例如创建商品营销活动，通过促销方式提高商品销售数量。但是，除了基本的营销策略刺激方式之外，产品设计也有一定的讲究。如图 6-1 所示，可以通过产品设计有效地避免用户取消订单，从而提升商品的销售量。

图 6-1　突出重点设计

我们来分析这个设计所引发的用户心理思考。订单提交页面主要是为了让用户提交订单，进而转化为支付行为。因此，与订单支付无关的元素可以尽量弱化。但是，左侧的产品设计并没有达到这样的目的。在提交订单页面上，取消订单和提交订单同时吸引了用户的注意力。这通常会增加用户取消订单的可能性，因为用户大多数情况下是冲动购买，提供取消订单的选项给了用户纠正冲动购买的机会。

相比之下，右侧的设计更能提升订单转化率，因为它弱化了取消订单功能，并有意增强了"提交订单"按钮。

在产品设计中，当页面信息过多时，一般会采用突出重点的方式进行处理，例如使用不同的样式布局、字体大小、颜色深浅等。这样的处理可以达到事半功倍的效果，从而使产品设计更加出色。

（2）状态差异设计

无论是个人微信还是企业微信，以往都没有消息置顶的功能设计。在聊天窗口过多时，很容易在信息的海洋中被淹没，经常需要花费很多时间才能找到某个聊天窗口。

后来，微信推出了消息置顶功能设计，可以通过状态差异来突出用户需要关注的重点窗口，并对重点窗口做了优先级排序，让用户在满屏的聊天窗口中方便地找到需要即时处理的信息内容。

除此之外，我们还注意到某些产品设计中，绝大部分页面都是静态设计，用户需要刻意浏览才能捕捉到重点。相比之下，采用动态设计元素更能吸引用户关注重点。例如，将"领取优惠券"和"邀请好友"按钮采用动态设计，在用户进入页面时，关注重点一定会聚焦在这两种元素上，从而提高用户的注意力。

（3）内容隔离设计

关于内容隔离设计，我们举两个例子，一个是移动应用中的金刚区设计，一个是重点内容的弹窗和悬浮设计。

1）金刚区设计。金刚区是许多移动应用中常用的设计方式。其目的是将产品的重点内容放入首页核心模块，为用户提供快速访问入口。然而，金刚区设计通常最多只能容纳两排内容。一旦超过这个限制，页面就会显得臃肿不堪。

在许多应用的首页设计中，我们看到了关于内容隔离的创新设计，如图6-2所示，这样做可以区分信息层级，使得用户能够清晰地识别重点内容。

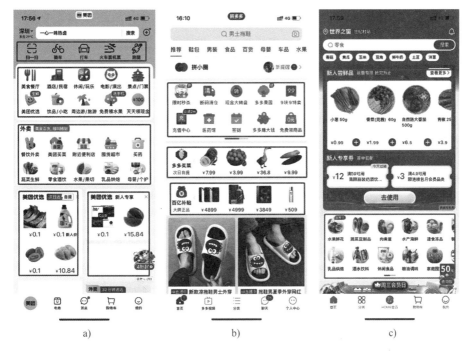

图 6-2　金刚区设计

　　图 6-2a 为美团的首页设计，该页面的主要区域可以分为三个模块，从上到下分别为快速访问入口、金刚区入口、外卖快速入口。

　　图 6-2b 为拼多多的首页设计，该页面的主要区域可以分为三个模块，从上到下分别为金刚区入口、多多买菜入口、百亿补贴入口。

　　图 6-2c 为每日优鲜的首页设计，该页面的主要区域可以分为三个模块，从上到下分别为新人尝鲜品、新人专享券、金刚区入口。

　　我们发现，这些大型产品设计并不是凭感觉随意摆放的，而是经过充分的用户心理调研和业务归属划分后精心设计的。

　　2）弹窗和悬浮设计。无论是后台产品设计还是移动产品设计，都像建造高楼大厦一样，分为许多层次。常见的有背景层、内容层和信息层。层级越突出，用户的感知越强，也越容易引起用户的注意。

例如，我们经常在移动产品设计中看到弹窗设计和悬浮窗口，它们都采用底层信息遮罩来隔离显示重点内容，使用户在使用产品时很难忽略它们的存在。

6.4 当下偏差效应

1. 什么是当下偏差效应

在饭店、理发店或商场消费时，我们常会遇到商家推出的充值优惠活动。这些活动看上去优惠力度很大，例如充值 500 元赠送 100 元，然而，我们发现一个现象：尽管我们获得了 100 元的赠送，但这些赠送不能在本次消费中使用。商家强制要求我们在下次消费时才能使用这些赠送，以间接促使我们进行二次消费。在产品心理学上，我们将商家的这种操作方式称为"当下偏差效应的反向营销行为"。

所谓"当下偏差效应"，是指人们更倾向于追求即时的享受，而忽略长远的利益。在产品设计中，当下偏差效应有很多应用场景。比如，一些社交媒体平台会不断推送新的内容，这些即时、有趣的内容可以让用户获得即时的满足感，从而让用户更愿意使用这些产品。再比如，许多游戏都会利用当下偏差效应来吸引玩家。它们通常会设置一些即时、短期的奖励，如虚拟金币、经验值、道具等，来激励玩家在游戏中花费更多的时间和金钱。这些奖励可以让玩家获得即时的满足感，从而让他们更容易上瘾，而不考虑对未来的影响。

此外，当下偏差效应还可以用于改善用户体验。在移动应用中，设计人员可以利用这种效应鼓励用户完成某些任务，如签到、分享等，以获得即时的奖励和快感。接下来，我们将详细阐述当下偏差效应在产品设计中的应用。

2. 当下偏差效应与产品设计

现在越来越多的 App 都利用当下偏差效应来进行设计，通过一些奖励措施来吸引用户，比如 App 新用户注册奖励，京东、淘宝等第三方优惠平台奖励，美团外卖支付后奖励等。这些奖励措施看似简单，实际上却是一种精心设计的心理战术，可以让用户产生更好的购物体验。

（1）App 新用户注册奖励

对于面向 C 端用户的产品，在冷启动过程中，拉新的功能是必不可少的。常见的设计逻辑是迎合用户即时享受的心理，即立即注册就能立即领取优惠福利。例如，新人注册领取 10 元专享券、新人大礼包 188 元优惠券等。

为什么在新用户注册时使用当下偏差效应会大幅提升用户的注册动机？我们总结为如下两点：

1）用户具有贪婪心理，对优惠福利没有免疫力。由于涉及自身的利益，用户总试图获得更多的福利，无法理智地控制自己。

2）用户会因为注册赠送的优惠满足了当下的心理期望而产生注册行为。只需注册即可获得优惠，让用户感到非常划算和满足，从而产生一种占了便宜的愉悦感。

（2）京东、淘宝等第三方优惠平台奖励

随着京东、淘宝等购物平台的出现，一批第三方优惠平台也应运而生。通常情况下，用户在京东、淘宝等平台上浏览商品，找到心仪的商品后，会将商品信息复制到第三方优惠平台上查询是否有优惠信息。如果第三方优惠平台有相关的优惠商品，就会返给用户一个链接，用户点击该链接后即可返回京东、淘宝等平台进行商品购买。

以淘宝为例，假设用户想购买一个浴室使用的花洒，我们来分析用户

的购物过程：

1）打开淘宝购物 App，搜索花洒。

2）找到自己想要购买的花洒产品，点击进入详情，复制商品链接。

3）用户前往第三方优惠平台，并将链接发送给平台客服（一些平台有自己的移动应用，可直接粘贴复制的淘宝链接进行搜索）。如果商品存在优惠奖励，则平台客服会返回优惠购买链接。

4）用户复制优惠平台返回的链接，打开淘宝 App。此时，淘宝 App 会弹出用户复制的链接，并提示用户点击进入商品详情。

5）用户下单购买。

6）收到商品后，确认收货。

7）回到优惠平台，回复客服"提现"两个字。优惠平台将通过第三方支付公司把奖励给到用户。

8）购物结束，奖励完成。

尽管该流程链路很长，但用户却愿意花费相应的时间成本。我们很好奇：第三方优惠平台究竟给用户下了什么"魔咒"，以至于用户愿意花费这么多时间和精力去完成整个流程？

经过仔细分析不难发现，这样的优惠平台设计实际上也是当下偏差效应的一种体现。通过抓住用户贪图优惠的心理，虽然操作烦琐，但平台依然可以通过给用户货真价实的优惠奖励来引导用户完成操作。这种设计在一定程度上可以促进用户的参与度，提高平台的用户活跃度和忠诚度。

（3）美团外卖支付后奖励

美团外卖购物平台在营销功能设计中是首屈一指的，很多餐饮平台纷纷效仿。以支付后奖励为例，我们来分析当下偏差效应的设计和使用。

用户在美团外卖下单购物时，支付成功后会赠送用户优惠券，这是第一次赠送。同时，为了吸引用户加入平台社群，还会叠加赠送优惠礼包，这是第二次赠送。

我们分析一下美团的产品设计理念：正常来说，支付成功即为购物结束。然而，随着数字零售时代的到来，如果只考虑购物前、购物中的优惠福利，复购就难以继续。

从营销产品设计的闭环思维来看，支付后奖励属于购物过程中的最后一环。它的作用不容小觑，既可以承接本次购物的结束奖励，又可以增加用户的复购概率。

这种设计与当下偏差效应不谋而合，都将重心放在用户当前的利益点上，即支付成功后就可以获得奖励。当然，用户可以选择性地领取，但是不领取也不会有损失。相比于支付成功即结束购物的设计模式，支付后奖励更容易提升用户的幸福感。

6.5　单因接触效应

1. 什么是单因接触效应

心理学家扎荣茨（Zajonc）曾做过这样一个实验：让一群人观看某校的毕业纪念册，并确定被试者不认识毕业纪念册里出现的任何一个人。然后请他们看一些人的照片，有的照片出现了二十几次，有的出现了十几次，而有的则只出现了一两次。接着，再请看照片的人评价他们对照片的喜爱程度。结果发现，在毕业纪念册里出现次数越多的人，被喜欢的程度就越高。他们更喜欢那些看过二十几次的熟悉照片，而不是只看过几次的照片。

这种现象在心理学领域被称为单因接触效应，又称为多看效应。它指的是人们会因为熟悉某个事物而产生好感。通常表现为某个事物出现的次数越多，人们对它的好感程度越高。

2. 单因接触效应与产品设计

我们发现这种单因接触效应现象会出现在产品设计中。例如，在设计一款 B 端产品时，起初，我们可能会觉得它有各种问题并决定进行修改。但是，当我们多次修改之后，总是觉得不如第一版那么令人满意。于是不断修改，然后反复撤回，最后感叹："还是第一版相对合理。"

然而，在实际产品设计中，我们也发现仅仅因为单因接触效应而改变观点有其局限性。也就是说，那些一开始让我们不喜欢的事物，即使经过长时间的熟悉，我们也不一定会喜欢它。就像上面的 B 端产品设计一样，如果我们一开始就非常讨厌它，那么可能会推翻重来，也就不会出现上述反复修改的情况，最后决定使用最初的设计方案。

在设计搜索功能时，为什么要放置放大镜图标？为什么成功提示要使用绿色底打钩图标，警告提示要使用黄色底感叹号图标，错误提示要使用红色底打叉图标，信息提示要使用灰色底字母 i 图标？

以上这些问题其实都是单因接触效应的结果，因为在产品的长期设计中，已经将其定为一种设计常识和设计规范。接下来，我们通过一些实际的案例分析单因接触效应在产品设计中的应用。

（1）图标

在产品设计中，有一些约定俗成的图标，在特定的场景下，我们并不需要告知用户这些图标的具体含义，用户就可以通过这些图标知道其实际用途。

1）结果图标。如图 6-3 所示，该组图标主要用于操作结果或异常状态的提示。

图 6-3　结果图标

2）警告图标。如图 6-4 所示，该组图标主要用于页面中重要信息的提示。

图 6-4　警告图标

3）骨架屏图标。如图 6-5 所示，该图标主要用于需要等待加载内容时的提示，某些场景下比 Loading 视觉效果更好。

图 6-5　骨架屏图标

（2）框架

我们一直强调产品经理必须具备产品思维。这意味着产品经理必须掌握如何设计产品的结构框架。例如：一个后台产品应该包括哪些组成部分，这些组成部分为什么要这样排列，如果更改这些元素和排列方式，最终结果会如何。研究发现，如果产品设计人员改变某些设计常识，会让用户感到不适，因为他没有考虑到用户的操作习惯。

那么，为什么用户会有这样强烈的反应呢？原因在于单因接触效应的影响。因为用户已经习惯于某些后台框架的设计，一旦发现当前使用的产品布局不符合他们的期望，就会产生不适的心理反应。

我们可以用一个反面的案例来说明，如图 6-6 所示。

图 6-6　反面的后台框架案例

图 6-6 采用了左、中、右布局方式，将菜单放在右侧，用户信息入口放在左侧，新增入口放在底部，分页放在右侧。这种设计方式在过去从未被用过，可以想象，用户看到这样的设计后会有什么样的反应。毫无疑问，用户会非常讨厌这种设计。那么，正确的设计方式应该是怎样的呢？我们只需要简单地调整元素的布局即可，如图 6-7 所示。

通过对比图 6-6 和图 6-7，我们发现图 6-7 的布局更受用户欢迎。因为无论是从用户的操作习惯，还是从用户的审美偏好，图 6-7 都满足了用户的心理期望。可是，为什么用户不喜欢图 6-6，而喜欢图 6-7？其原因就是单因接触效应的影响。图 6-7 是一种比较常见的后台设计框架，用户对这这种框架布局已经烂熟于心。

图 6-7　常规后台框架案例

（3）符号

在产品设计中，当我们描述表单输入框为必填时，通常使用星号标注，且常为红色。为什么用户能够感知这是必填字段？我们并没有提前告知用户，也没有给出特别的暗示，这似乎很奇怪。

然而，从心理学角度来看，这种约定方式实际上也是一种单因接触效应。在长期使用中，产品设计者和用户已经习以为常，默认星号即为必填字段的特别标注。这种效应的形成基于用户在产品使用过程中不断积累和学习，最终形成的一种认知行为。

同样的设计方式也常见于问号提示和消息提示，用户会基于对这两种符号的认知，明白可以进行点击操作，以获取自己想要的信息。

单因接触效应给了我们这样的启示：在产品设计中，要坚持使用用户熟悉的 UI 概念、行为、术语、符号和图标，以确保用户在使用过程中感到舒适。

6.6 禀赋效应

1. 什么是禀赋效应

我们来讲一个经典的马克杯交换实验。把一个班的学生分为 A、B 两组，A 组学生拿到价值 5 美元的马克杯，B 组学生拿到 5 美元。实验方式是让 A、B 两组学生进行自由交易，拿到马克杯的 A 组学生普遍认为自己杯子的价格高于 5 美元，而拿到 5 美元的 B 组学生则普遍认为马克杯的价格低于 5 美元。从这个实验里，我们发现一个奇怪的行为，即一个相同价值的东西，自己拥有时会觉得价值较高，别人拥有时会觉得价值较降低。这种自己的东西自己觉得价值更高的行为，在心理学上称为"禀赋效应"。

禀赋效应是由诺贝尔经济学奖得主、美国人理查德·塞勒于 1980 年提出的。它特指一个人一旦拥有某项物品，那么他对该物品价值的评价要比未拥有之前大大提高。更直白地说，即我们认为自己所拥有的东西更为珍贵。

2. 禀赋效应与产品设计

禀赋效应在产品设计中具有非常重要的应用价值，可以帮助我们设计出更加吸引用户的产品。比如，在设计新产品时，我们可以让用户先尝试使用产品的某些功能，让其产生拥有该产品的感觉，从而增强用户的禀赋效应。此外，我们也可以通过在产品上添加一些装饰来满足用户的虚荣心，从而进一步增加禀赋效应。接下来，我们将深入探讨禀赋效应在产品设计领域的应用。

（1）加价送精美礼品

"加价购"是一种常用的营销策略。当用户在美团下单点外卖时，商家会制定各种营销活动，比如加 1 元赠送一瓶功能饮料，尽管在某些时候用户并不需要这瓶饮料，但也愿意多加 1 元购买。有时会出现凑单免配送费的情况，比如购物满 50 元，商家免配送费，并且额外赠送一个精美的小黄鸭玩具。

仔细分析后发现，产品设计抓住了用户潜意识认为只要付出并不起眼的金钱就能得到自己想要的东西，从而高估了商品的价值的心理。殊不知，用户已经掉进了产品营销设计的禀赋效应圈套中。同样的设计逻辑，比如奶茶第二杯半价、特价商品买二送一、促销商品限时低价优惠等，也都采用了这种心理学效应。

（2）年度产品使用报告功能

在产品中植入年度使用报告功能是近年来比较流行的一种设计。例如运动类产品 Keep、新闻类产品今日头条、短视频类产品抖音、读书类产品微信读书、理财类产品支付宝和银行，每到年末都会推出年度产品使用报告。其功能设计原理主要是通过数据引擎抓取用户每个时段的操作行为，然后按照一定的归类方式进行总结，最后汇总为用户的年度产品使用报告。

用户通过年度产品使用报告的分析，可以了解自己这一年的产品使用情况。以微信读书为例，用户今年阅读书籍 30 本，读书时长超过 300 分钟，且偏爱阅读历史类书籍。通过数据分析可以增强用户的代入感，使其产生炫耀心理。在该心理的驱动下用户会将年度产品使用报告进行微信朋友圈分享，从而间接给产品做了宣传。

（3）免费领取会员特权

在会员产品设计中，通常会植入免费领取特权的功能。例如以下场景：免费领取 7 天或 30 天会员；开通会员首月享受 5 元特价，次月开始每月 20 元。用户很可能会被吸引参与这些活动，然而，我们发现活动结束后，免费领取特权的设计模式的续费率大大高于那些一开始就需要付费才能使用特权的产品设计。为了便于分析，我们将两种情况的用户心理变化进行归纳对比，如表 6-1 所示。

表 6-1　免费试用和付费使用的比较

动机	免费试用	付费使用
付费动机	用户会基于免费试用后的体验感选择付费意愿	没有任何特权优惠下，很难激发用户产生付费动机
续费动机	只要产品不存在口碑问题，用户的续费意愿就很强烈	用户会基于付费后的使用感受来选择续费，一般来说相对较弱

两者相比较，免费试用的会员产品设计功能更容易让用户产生付费动机和续费动机。原因在于，免费试用不仅是一种诱饵效应，也是一种禀赋效应（付费使用也有一定的概率让用户产生禀赋效应，但只有激发了用户付费动机才会生效）。用户通过提前享受这些特权，潜意识地将它们视为自己的权益，因而才会更愿意通过投入金钱来确保自己的特权身份。

6.7　零风险偏差效应

1. 什么是零风险偏差效应

零风险偏差效应是指我们喜欢确定没有风险的事情。例如，面对可能存在风险的事情，我们更倾向于将其风险降到最低，以消除内心的不安，并确保自己能够获得舒适感。

生活中总会遇到一些应用零风险偏差效应的场景，我们先来看以下案例。

案例一：为什么我们习惯为汽车购买保险？

汽车经常行驶在不安全的环境中，随时可能发生危险。一旦汽车发生交通事故，可能会带来经济损失，甚至威胁我们的生命安全。提前购买保险可以在灾难来临时减少经济损失。保险公司也看到了其中的关键关系，推出了各种险种。用户会根据各种险种的优劣势选择购买，以抵御可能遇到风险带来经济损失的不确定性。

案例二：为什么我们习惯为手机贴上保护膜并加上保护壳？

无论是新买的手机还是用了许久的手机，我们总是喜欢为手机贴上保护膜并加上保护壳。这样做可以降低手机滑落时对手机造成损坏的风险。

案例三：为什么我们习惯购买附加服务？

当我们在零售商店购买商品时，服务员经常会询问我们是否需要购买全国联保服务。尽管我们可能在商品用坏了也不会用到这个全国联保服务，但在服务员的再三推荐下，我们仍然会选择购买。

2. 零风险偏差效应与产品设计

在产品设计中，常常会看到零风险偏差效应的实际应用。例如，在商品标签设计时，会为商品贴上正品保证、权威机构认证、假一赔十的标签。在订单支付界面，为了减少用户对支付风险的担忧，通常会进行温馨提示，如"安全支付，请放心付款"。而在商品需要配送服务时，还会明确提示用户"免配送费，七天无理由退换"等。

（1）正品保证，假一赔十

在电商购物场景中，商品真伪性说明是一个非常重要的问题。购物者往往会担心买到假货或者劣质商品。为了解决这个问题，电商平台一般都会在商品详情页设计固定的图标，以此来增强商品的真实性。这种图标设计旨在通过特殊提示来消除用户对假冒伪劣商品的担忧，提升用户对商家商品的认可度，从而增加商品的销量。

在这种设计中，标签的外观和定位非常重要。标签需要突出显示，以便用户可以在第一时间看到它们。一些常见的标签包括"正品保证""品牌认证"等。这些标签通常都有特别的图标或者颜色，以便在商品详情页中更加醒目。

（2）安全支付，放心付款

在电商产品设计中，优化订单支付逻辑是一个非常重要的环节。然而，我们发现优化订单支付逻辑存在一个奇怪的现象：在支付收银员界面中，产品只进行了简单的文案优化，而标注有"安全支付，放心付款"的抖音支付频率高于没有标注的设计界面，如图 6-8 所示。

图 6-8　零风险偏差效应在产品设计中的应用

这个现象可以用心理学中的零风险偏差效应来解释。在文案标注前，用户很难感知到抖音支付的安全性。当我们加入文案提示后，就像是给用户吃了一颗定心丸，用户默认抖音支付不存在安全隐患，更倾向于使用它。这说明了用户会倾向于选择零风险的操作，即使这个风险实际上可能并不存在。

　　总的来说，在产品设计中，文案的优化可以对用户使用产品产生积极的心理效应，从而促进用户对产品的信任。

（3）包退包换，退换理赔

　　在电子商务的早期阶段，用户对于在线支付的安全性以及商品配送和退换的便捷性存在很多疑虑，总是觉得线上购物没有线下购物安全可靠。随着担保支付和快递配送业务的广泛应用，这些问题得以解决，消除了用户的担忧。

　　因此，在产品设计中我们也要考虑类似的零风险偏差效应。例如：为了消除用户在购买商品后不想要的实际需求，产品在设计中应用了包退、包换、免退款运费和退换理赔等服务。虽然看似是商家的服务政策，但其实也包含了产品设计的逻辑。比如，并不是所有用户都能享受这种免退送服务，必须购买运费险（当然商家可以选择免费）。因此，产品叠加了运费险设计功能。这样设计的效果是，用户愿意购买运费险，以便享受免退款运费和退换理赔等服务。

　　但必须声明一点，产品的设计逻辑并不是为了解决用户能否顺利享受这些服务的问题。它更多的是为了提高用户对商家服务的认可度，并消除用户在购买商品时的顾虑。

6.8　诱饵效应

1. 什么是诱饵效应

　　诱饵效应是指当人们在面对两个不相上下的选项进行选择时，因为有第三个选项的加入，会使其中一个选项显得更有吸引力。在生活中，诱饵效应是一种普遍存在的现象。大多数用户在做选择时要进行对比。因此，为了让用户做出有利于商家利益的选择，营销人员往往会制造一些诱饵。以下是一个案例拆解：

面对商品 A 和商品 B，用户有如下选择：

- 花费 100 元，可以买走商品 A；
- 花费 300 元，可以买走商品 B；
- 花费 300 元，可以买走商品 A，同时送商品 B。

在这个场景中，显然第二种选择就是诱饵，其目的是吸引用户选择第三种方案。

同样，在商场的家电促销活动中也会发现相同的诱饵营销。商家将电视机品牌进行分组展示，故意设计了如下的产品对比供用户选择：

- 50 英寸[⊖]创维 4K 高清智慧屏，价值 1199 元；
- 65 英寸 TCL 4K 超清护眼防蓝光，价值 2499 元；
- 75 英寸小米 4K 超高清金属全面屏，价值 3499 元。

在这种情况下，用户会选择哪一台电视呢？毫无疑问，用户会选择 65 英寸的 TCL，尽管用户已经知道创维电视机比 TCL 电视机和小米电视机更加划算。在这个产品组合中，TCL 电视机一定是商家这个季度最想推销的产品。

以上这些促销策略实际上是商家提前策划好的，其目的是引导用户按照它们的促销策略选择相应的产品。那么，商家为什么会这么了解消费者呢？原因很简单，因为商家在这些促销策略中应用了诱饵效应，以此达到最好的销售效果。

⊖ 1 英寸 = 0.025 4 米。——编辑注

2. 诱饵效应与产品设计

从用户同理心角度和用户心流体验来看，诱饵效应似乎与产品心理学想要传达的思想有所违背，并没有遵循用户的意愿。但实际上并非如此，在产品设计中，我们应该从产品是否满足了商家与用户各自的需求出发来理解诱饵效应。比如下面的案例并没有违背用户对产品使用体验的要求。相反，不同的选择带来了不同的体验。

（1）电子产品中的豪华配置版本设计

商品规格是指商品的特征和属性，包括大小、形状、体积、颜色、材质等。通过详细描述商品规格，可以让用户充分了解产品的特点，以便做出更明智的购买决策。此外，商品规格的描述还可以帮助用户比较不同产品之间的差异，选择最适合自己需求的商品。

表 6-2 所示是 2021 年款 16 英寸苹果 MacBook Pro 不同规格的对比。

表 6-2　MacBook Pro 不同规格的对比

规格一	规格二	规格三
① 10 核中央处理器 ② 16 核图形处理器 ③ 16GB 统一内存 ④ 512GB 固态硬盘 ⑤ RMB 18999	① 10 核中央处理器 ② 16 核图形处理器 ③ 16GB 统一内存 ④ 1TB 固态硬盘 ⑤ RMB 20499	① 10 核中央处理器 ② 32 核图形处理器 ③ 32GB 统一内存 ④ 1TB 固态硬盘 ⑤ RMB 26499

下面从常规角度和诱饵角度进行拆解分析。

1）常规角度。在这三个规格中，规格一和规格二在①②③方面相同，在④⑤方面不同；规格一、规格二和规格三在①方面相同，在②③④⑤方面不同。不同的用户有不同的选择：预算不足的用户通常只会选择规格一，存储需求较大但预算不足的用户则会选择规格二，而需要高性能图形和大的内存的用户会选择规格三。

2）诱饵角度。在这三种规格中，规格三实际上是一个诱饵。与规格二和规格三相比，规格一在各方面的条件都不如它们。但是，用户直接购买规格三的价格又有点高。因此，相比之下，用户更有可能选择规格二，因为它介于两者之间。

（2）SaaS 产品中的免费试用设计

SaaS 软件与传统软件最本质的区别在于，SaaS 软件本质上是一种续费服务，而传统软件则是产品销售。这种本质上的区别意味着在 SaaS 软件中，我们常常会看到免费试用的版本，而在传统软件中则不太常见。这是因为 SaaS 软件的商业模式通常是基于订阅的，用户需要每月或每年支付一定的费用才能使用软件，而传统软件则是一次性的产品销售，用户只需要支付一次费用即可永久使用软件。

在 SaaS 软件中，免费试用的版本通常是为了让潜在用户更好地了解产品的功能和特性，以便做出购买决策。例如，如果一家公司正在考虑购买 SaaS 微商城软件，它可以先试用免费版本，了解软件的功能和易用性，并根据自己的需要和预算选择适合的版本。

表 6-3 所示是某 Saas 软件公司的微商城版本功能对比，一共包含 3 个版本，这些版本通常包含不同的功能和特性。

表 6-3　微商城版本功能对比

试用版	高级版	豪华版
①享有高级版功能 ②享有豪华版功能 ③使用期限：15 天（从当前购买时间算起）	①拼团、特价、支付推广多种营销玩法 ②多销裂变，让粉丝替你卖货 ③多重有礼，实现精细化会员营销 ④全平台数据分析 ⑤使用期限：1 年（从当前购买时间算起）	①荐客有礼，裂变拉新带销量 ②渠道追踪，筛选最佳投放地 ③积分商城，会员营销再升级 ④直播，360 度展示商品 ⑤使用期限：1 年（从当前购买时间算起）

其中，试用版包含高级版和豪华版的所有功能，但使用期限只有15 天。15 天后，软件会自动变为付费版本，用户不能继续使用。如果产品

体验足够好，能够满足用户的需要，用户会选择购买高级版或豪华版（一般根据业务场景购买）。如果不满意，用户则不会购买。

可以看出，试用版本身作为一种诱饵设计，其目的在于让用户通过一定时间的免费试用尽可能了解产品的优点和缺点，让他们在决定购买之前深入了解产品，从而降低购买风险。因此，试用版是一种非常有用的营销策略，它可以帮助企业吸引更多的潜在客户，并为用户提供完整的产品信息，从而促进销售。

（3）营销产品中的拉复购设计

在营销产品设计中，有两个词大家应该已经耳熟能详，一个叫"二次营销"，一个叫"增加复购"。这两个词都在讲述用户和商家从产生第一次购买联系后，如何带来第二次、第三次乃至第 N 次购买联系，于是就有了拉复购的设计逻辑。比如，超市消费满 100 元赠送 30 元无门槛代金券，其目的就是促进用户二次消费。

对于用户而言，赠送的 30 元无门槛代金券应该如何处理？一个真实的案例是，因为有了 30 元的无门槛代金券，用户欣然选择第二次来到超市购物。本来只想用掉这 30 元代金券，但是用户挑选了各种商品，最终竟然消费了 500 元。除了 30 元的代金券之外，用户实际上支付了 470 元。其中，这 470 元就是多出来的消费。如果没有 30 元代金券的话，很可能用户不会再次来到超市购物，也就不会再花费 470 元。

我们对商家的营销策略进行深入分析。商家的做法是在满 100 元的基础上赠送 30 元代金券，这看似是一个无门槛的大礼包，但实际上是一个精心设计的诱饵。商家深知用户在购物时不可能只消费 30 元，在购买过程中一定会有其他的选购需求。这样，商家就以 30 元作为诱饵，达到了促进消费的目的。

6.9　首因效应

1. 什么是首因效应

首因效应（也称首位效应或近因效应）是一种心理学现象，指的是人们在面对新事物时，往往会被最先接触到的信息所影响，从而形成一种先入为主的印象，即"第一印象"。虽然这种第一印象并不总是正确，但它却是那么鲜明和牢固，会影响人们对事物的认知。

例如，B 公司是一家聚合支付提供商，主要研发门店支付系统。然而，商户一直在投诉，称其刷脸支付产品的识别率不高，经常卡顿，还缺少美颜功能。

有一天，B 公司请来了一位厉害的产品经理，对其门店收银系统进行了重构。然而，产品推向市场后，并没有带来很好的销售额，因为商家一提到 B 公司的这款门店收银系统，都心有余悸，害怕再次受到用户的吐槽。虽然 B 公司的渠道人员极力去销售门店收银系统，但最终未能消除 B 公司在商家心中的负面印象。

这就是首因效应的作用结果，商家对于 B 公司的印象已经先入为主，也许重构后的门店收银系统确实解决了用户体验不好的设计，但商家对其依然很忌惮。

2. 首因效应与产品设计

首因效应告诉我们一个产品设计逻辑，即用户的注意焦点是有限的。人们往往在接触新事物时会形成第一印象，这个第一印象会对之后的看法产生重要的影响，决定了用户对于产品的喜好程度。因此，在产品设计时需要特别关注用户的第一印象，把重要的内容置于用户的焦点视角，这样才能有效地抓住用户的注意力，使其过目不忘。

（1）重要功能靠前放置

在产品设计中，我们习惯于利用首因效应去设计产品，即尽可能将重要功能靠前放置，以减少用户的记忆成本。这种设计方法可以让用户更快地找到所需的功能，提高用户体验。例如，支付宝将"扫一扫""收付款""出行"和"卡包"等核心功能放在应用程序的顶部，其目的就是便于用户方便、快捷地找到这些关键模块。

同样的设计逻辑也出现在微信"发现"菜单中。"朋友圈"和"视频号"入口被放置于栏目的顶端，以吸引用户的注意力和提高用户的使用率。

（2）特殊词语增强记忆

在产品设计中，除了将重要功能靠前放置之外，我们还可以采用一些特殊的词语来增强用户对产品的记忆。例如，当我们使用视频软件、新闻软件或购物软件时，总会看到一些特别的词语，如"精选""热门""推荐"等。这些词语不仅让用户印象深刻，而且还能够吸引他们的注意力。

当用户打开应用时会自然地被定位到"精选""热门""推荐"等标签下，这些标签通常位于页面的显眼位置，以确保用户能够快速找到它们。这也是首因效应的应用，在产品设计中非常常见。

（3）数据倒序排列设计

人们在处理信息时，倾向于根据最初获得的信息来做出决策和判断，而忽略或低估后续信息的重要性。因此，在用户使用产品时，他们的认知前置习惯会影响他们对产品的使用体验和评价。

例如，在某些列表数据的展示中，产品设计偏向于根据时间的倒序排列，将当前时间产生的数据放在前面显示，以方便用户浏览和使用。订单交易数据、会员新增数据、积分消费统计、门店管理数据等通常使用这种排列方式。我们一般认为这种设计逻辑应该属于一种设计惯例，但从心理学角度来看，它实际上是首因效应的应用。

6.10 其他心理学效应

除了以上的心理学效应之外，其实还有许多心理学效应在产品设计中的应用，但由于篇幅有限，不再一一展开。总之，了解用户的心理效应并将其融入产品设计中，可以提高产品的易用性和用户满意度。下面再简单列举一些心理学效应供大家参考。

1. 不明确效应

释义：用户倾向于避免未知，决策时避开信息不足的选项，通过添加明确的细节来最大限度地减少歧义，从而提高转化率。

示例：在产品设计中，用户协议和隐私声明是关键的元素。为了避免用户的疑虑和担忧，这些文件需要非常详细的描述，涵盖各种可能的情况。此外，为了确保用户真正理解并同意这些条款，应该在他们注册账户之前就同意这些条款。这样一来，用户在使用产品时会更加放心，从而提高转化率。

2. 从众效应

释义：当个体受到群体的影响时，会怀疑并改变自己的观点、判断和行为，朝着与群体一致的方向变化。当个体面对不确定的情况时，会倾向于跟随大多数人的行为和决策。

示例：在产品设计中，可以利用从众效应来吸引更多的用户。比如，在展示购买人付款数量时，可以体现出商品的热门程度，让正在犹豫的用户也"随大流"下单购买。此外，还可以通过其他方式来营造出一种群体选择的效果，例如展示用户的评价或者展示其他用户的购买历史等。

3. 损失趋避效应

释义：损失趋避是指在决策时，人们通常更关注可能面临的损失，而不是同等价值的收益。这是因为人们认为损失对他们的影响比同等价值的收益更大。因此，当面对同样数量的收益和损失时，人们通常会倾向于选择避免损失，而不是追求收益。

示例：当用户在购物网站上看到一个秒杀商品但因为抢购失败而没有买到时，他们可能会感到失落和沮丧，因为他们认为自己失去了一个机会，而不是想着他们没有花钱购买商品。

4. 感知价值偏差效应

释义：感知价值偏差是指人们根据产品的外观或服务方式来感知其价值，而不是根据实际的质量或效果。这种偏差可能导致人们做出不准确的判断或决策。

示例：一些共享单车 App 在初期为了快速扩张市场，在用户注册后会赠送大量的骑行券。然而，当这些骑行券用完后，用户发现单车的价格比传统的公共交通工具更高，导致用户对产品的价值产生怀疑。

5. 分析瘫痪效应

释义：分析瘫痪是一种用户体验问题，当产品提供的选项太多或过于复杂时，用户的思维和决策过程会受到干扰，导致难以做出选择。这种情况在日常生活中经常出现，例如在购物网站上选择商品时，用户可能被过多的选项淹没，不知道该如何选择。

示例：为了避免分析瘫痪，产品设计人员应该考虑简化产品界面和操作流程。例如，可以通过收缩复杂的操作内容来减少选项数量，提供更明确的指导和提示，或者通过分组和分类来组织选项，使用户更易于理解和选择。此外，为了提高用户体验，产品设计人员还可以利用用户测试和反馈来改进产品设计，确保产品界面和操作流程符合用户的需求和期望。

6. 框架效应

释义：框架效应是指当我们面对同样的问题时，不同的表述方式会影响我们的决策。在选择方案时，我们常常会选择听起来更加有利或顺耳的表述。

示例：当我们看到一个杯子里装了一半水时，如果我们把它描述为"杯子已经装了一半水"，大多数人会认为杯子还有一半的空间。但如果我们把它描述为"杯子已经装了一半的水"，大多数人会认为杯子已经装满了一半的水。这就是框架效应的影响。因此，当我们在设计产品或制定营销策略时，需要注意用词的准确性和描述的清晰度，以免因为语言的选择而影响用户的决策。

7. 可辨识受害者效应

释义：可辨识受害者效应是指人们面对可辨识的受害者时，会更容易产生同情和帮助的行为。这种现象在营销和产品故事中非常常见，因为它可以激发潜在客户的情感共鸣，使他们对你的产品产生认同感。

示例：在我们讲述产品故事时，可以使用个体案例来解释产品的真实用途和价值，而不是仅仅使用一般性陈述。这样可以让潜在客户更好地理解你的产品，也可以帮助他们更好地感受到你所提供的解决方案的价值。所以，使用个体案例可以帮助你更好地吸引客户并促进销售。

8. 自制偏差效应

释义：用户经常会高估自己控制冲动行为的能力。此偏差会导致人们在做出决策时忽略内在的冲动和外部的干扰。为了避免自制偏差，人们可以尝试使用一些策略，例如：通过提醒自己目标的重要性来增强意志力；在决策前，让自己冷静一下并思考是否值得这么做；寻找替代的行为，以减少冲动行为的发生。

示例：大家都认为"标题党"属于旁门左道，但还是会掉入其陷阱中。这就是自制偏差的一个例子。人们认为自己可以控制自己的行为，但实际上很难做到。通过意识到自制偏差的存在，并尝试使用一些策略，我们可以更好地控制自己的行为，做出更明智的决策。

9.稀缺效应

释义：稀缺效应是一种心理现象，它能够通过强调某种物品或服务的稀缺性，让用户产生错觉，即这种物品或服务是独一无二的、难以获取的，从而提高它的价值，使用户更容易受到诱惑和产生冲动，导致用户做出轻率的决定。

示例：为了营造稀缺效应，产品设计人员可以使用各种修辞手法，例如"限时优惠""数量有限"等来形容产品或服务，从而让用户产生一种当前很多人正在关注的错觉，并且随时都有可能被其他人抢走，进一步增加用户的购买欲望。此外，还可以通过定期推出新的产品或服务，或者采用一些独特的促销策略，来不断创造新的稀缺性，从而吸引更多的用户。

10.流畅性启发效应

释义：那些处理速度更快、更流畅、更顺利的事物具有更高的价值。

示例：比如，在微信登录设计中，勾选 3 天内自动登录可增加产品的使用流畅度。又如，我们可以优化网站的加载速度，或者增加更多的快捷操作，让用户可以更加顺畅地完成操作。除此之外，我们还可以针对不同的用户需求，设计更加个性化的功能和交互方式，以满足不同用户的需求，提高他们的使用体验。

在这个快节奏的时代，用户对于快速完成任务和操作的需求越来越高。因此，针对流畅性启发，我们应该不断地优化产品，以提高其响应速度和流畅度。

第 7 章

产品设计中的心理学陷阱

作为连接产品和用户的中间桥梁，产品心理学具有举足轻重的作用。在前面的章节中，已经论述了用户心理学思维、用户心理学定律和用户心理学效应对产品设计的作用及影响。其实，在产品设计中也存在一些心理学陷阱，例如：

- 如果产品设计符合用户的既有信念，用户就可能更愿意接受和使用产品，但如果与他们的信念不符，用户就可能选择忽视或拒绝产品。
- 如果产品设计成功解决了某个问题，并获得了大量用户，那么人们就可能会把成功归因于这个产品设计，而忽视其他可能影响成功的因素。
- 如果产品设计过于依赖一种心智模型，而没有考虑到用户的多样性，那么用户就可能会感到产品无法满足他们的需求。

本章将从产品设计中的心理学陷阱出发，揭示在产品设计中常见的一些心理学陷阱，以指导产品经理在日常的产品设计中避免这些陷阱。

7.1 动机性推理陷阱

1. 什么是动机性推理

人类被视为高级动物，是因为相比其他生物，我们具有更强的思维和认知能力。然而，正是这些能力，除了给我们带来了好处，也给我们带来了坏处，比如：

- 面对同样的事情，不同的人有不同的观点和看法。
- 在事实真相面前，我们仍然很难改变自己的固有想法。
- 一旦我们建立某种信念，就很难去改变它。
- 我们与别人发生矛盾和分歧时，总是认为自己是对的。

因此，在这种认知思维的主导下，我们会倾向于接受那些符合我们现有认知的信息，而忽视或反驳那些与我们认知相反的信息。在心理学领域，我们将这种行为叫作动机性推理，所谓动机性推理，是指人们在面对证据或数据时，会根据自己的情感、动机和信念来评估和解释这些信息，而不是客观地看待。

实际上，动机性推理是人类的天性，是我们在长期的认知学习过程中形成的一种认知错误。美国社会心理学家乔纳森·海特这样描述我们的推理过程："我们的推理过程更像是为客户辩护的律师，而不是探索事实真相的法官或科学家。"

2. 产品设计中的动机性推理陷阱

乔布斯是苹果产品的缔造者，张小龙是微信的创始人，他们都被视为神乎其神的产品经理。因此，互联网公司将产品经理视为公司的排头兵，是公司向前发展的核心力量。在过去的十年中，产品经理成为互联网行业的热门职业，受到广泛重视。然而，也因此出现了一些错误的观点，比如

"得产品经理者得天下"等。

然而，事实真的是这样吗？其实并非如此。一款产品的成功不仅仅靠产品经理一人之力，而是整个公司的人力、物力、财力以及市场偶然性等多种因素作用的结果。将产品的成功归功于产品经理，就是一种动机性推理陷阱。

在产品设计中，也存在着这种错误的思考方式。例如，某个功能的成功使得一款产品广受用户欢迎，于是所有产品都会争先恐后地加入该功能。

以 QQ 空间为例。QQ 空间是腾讯公司于 2005 年开发的一个具有个性化空间和博客功能的 QQ 附属产品。自问世以来，它受到了众人的喜爱。

QQ 空间最初的产品设计模式主要是通过图文并茂的方式向用户提供好友动态的浏览。但有一天，我们在 QQ 空间发现了它可以像其他短视频应用一样刷各种小视频。这让人不禁感叹，产品是要刻意标新立异，还是已经无计可施了呢？

产品创新本身并没有错，但是用户在 QQ 空间发短视频的动机是什么？与微信这款成功的社交产品相比，用户更倾向于通过微信入口发布动态（原本就有朋友圈动态同步 QQ 空间的功能）。由于微信已经有了视频号，QQ 空间增加短视频的功能就显得很牵强。

我们尝试分析一下 QQ 空间产品经理的逻辑思考：同样都是社交领域产品，别人因此而成功的功能，我们叠加进来或许也能成功，除了跟风以外，说不定也是一种创新。显然，这是典型的动机性推理陷阱。基于错误的认知推理逻辑并以此作为论据展开论证，恰恰忽略了自身的产品定位。

3.如何避免动机性推理陷阱

（1）培养批判性思维

很多公司的产品设计并不是基于自身业务的需求，而是看到行业中有这样一种竞品，所以竞相模仿。于是，同质化的产品应运而生。而对于用户如何选择，产品设计公司并不太关心。

在产品找、抄、超的情况下，想要改变这种现状确实很难。因此，作为产品经理，我们在进行产品设计时，应尽可能避免这种拿来主义，学会辩证地看问题，用批判性思维去对这些并不友好的竞争对手功能提出质疑。例如，尝试使用商业画布对自身产品进行全面梳理，也许会有新的启示。

（2）培养开放性心态

随着互联网新思维和新思潮的不断涌现，我们需要保持产品设计的开放性心态，接纳新思想，但也不能盲目接受。只有这样才能有效地抵御动机性推理陷阱。同时，当用户对产品提出质疑时，我们也需要保持这种开放性心态，接纳用户的建议和意见，从而避免陷入动机性推理陷阱。

7.2 自我服务偏见陷阱

1. 什么是自我服务偏见

自我服务偏见，也称自我服务偏差，是美国心理学家戴维·迈尔斯在其所著的《社会心理学》一书中提出的概念。该概念指出，我们往往会把成功归因于自己的努力，而否认自己对失败负有责任。同时，我们也习惯于将肯定的结果归于内部原因，而将否定的结果归于外部原因。

通常情况下，可以用一句通俗易懂的话来解释，那就是"自我感觉良好"。盲目乐观地认为自己比别人优秀，在处理与自己有关的事情时容易做出对自己有利的判断。例如：

- 为什么这个项目没有成功？主要原因不在于我，而在于这个项目的成功与否本身就存在机遇和偶然性。

- 为什么在产品验收过程中没有发现 Bug？原因不在于产品经理没有对细节进行验收，而在于产品本身就存在 Bug。
- 为什么竞品体验起来那么有质感？原因不在于我们的设计不够美观，而在于我们的产品研发能力不行。

以上表述体现了一种自我服务偏见，即在遇到问题时不先从自身找原因，而是将问题归咎于外部或其他原因。

在心理学上，这种自我服务偏见主要表现为自我服务、自我恭维和自我盲目。其主要原因是人们存在比较心理和盲目乐观的心态。

如何理解比较心理？达尔文在生物进化论中提出了"适者生存"的概念，这表明只有能够适应环境的个体才能够在群体中脱颖而出。在社会生活中，人们之间天然存在竞争关系，不服输、不妥协早已成为人们的本性和本能。因此，在推动自我服务偏见形成的过程中，经常会出现比较心理。

如何理解盲目乐观？人们天生就是乐观主义者，在很多情况下，他们会持有乐观的看法，认为好事很有可能发生在自己身上。例如，购买彩票就是这种心理，总是认为有一天自己会中彩票成为亿万富翁，而不中彩票只会发生在别人身上。

2. 产品设计中的自我服务偏见陷阱

产品设计中的自我服务偏见主要表现为产品设计者的盲目自大，以自我为中心。产品设计者很容易认为已经充分了解了用户的需求，而对于用户的诉求不予理睬。当用户对产品存在疑问时，我们通常认为我们的产品设计已经足够好，为什么用户在使用过程中总是抱怨呢？我们往往认为主要是因为运营者没有教育好用户，而不从用户的角度思考问题。这就是典型的自我服务偏见。

　　例如，早期某些产品的设计并未考虑到老年人和儿童群体。产品经理在进行用户定位时，由于对群体的划分不够细致，常常根据用户的习惯、使用偏好和生活场景来模拟用户的操作习惯，因此一些主流产品最初只为特定群体量身定制。这显然是一种自我服务偏见，天然地认为老年人和儿童不需要此类产品。

　　然而，随着产品在市场中的运营，我们发现老年群体和儿童群体对此类产品也有需求。例如，老年人也喜欢使用淘宝购物和微信聊天，而儿童对于短视频的使用需求不亚于成年人。

　　但是，老年群体在使用购物 App 时并不方便，因为其字体太小，设计太花哨。对于使用视频软件的儿童，家长可能会担心孩子沉迷于网络世界。为此，我们看到淘宝购物 App 推出了老年模式，微信聊天推出了关怀模式，视频类 App 也增加了儿童锁模式。

3. 如何避免自我服务偏见陷阱

（1）换位思考

　　前面提到过，用户同理心模型强调的是如何让产品设计者成为真正的用户，但我们始终不能代替用户。因此，在产品设计中，我们必须克服这种自我服务偏见，学会换位思考。

　　例如，老年群体存在视觉老化的问题，容易看不清产品内容，会抱怨产品不好用。如果产品设计者能够站在他们的角度，切身体会他们的痛点，就会认识到设计一款符合老年群体需求的产品是理所当然和合理的事情。

（2）遏制以自我为中心

　　产品设计者很容易陷入以自我为中心的状态。例如，在设计产品时，他们会依赖以往的经验，叠加所谓的设计理念，将产品设计得非常复杂。当用户提出疑问时，设计者还会理直气壮地说，这些产品功能已经有用户在使用，而且反馈很好。

显然，以自我为中心的产品设计无法获得用户的青睐，甚至是必须遏制的产品设计行为。那么，如何克服这种自我服务偏见呢？我们认为，产品设计者必须像设计给初学者使用的产品一样设计产品，尽可能降低用户的学习成本，这样才能改变以自我为中心的设计行为。

7.3　知识的诅咒陷阱

1. 什么是知识的诅咒

知识的诅咒是指当一个人对一个领域的知识非常了解后，就很难站在没有掌握这个知识的角度，去思考和理解他人。

知识的诅咒是由美国斯坦福大学研究生伊丽莎白·牛顿（Elizabeth Newton）在一项实验研究中提出的。为了证明人们具有这种心理状态，伊丽莎白·牛顿进行了一个简单的小实验，即"敲击者与听猜者"。

实验内容：敲击者选择一些歌曲，并在桌面上敲击曲子的节奏，让听猜者猜出正确的歌名。每次只能敲击一首歌曲。

实验结果：敲击者一共敲击了 120 首歌曲，但听猜者只猜对了 3 首，成功的概率仅为 2.5%。也就是说，敲击者平均敲击 40 首歌，听猜者才能成功听懂一首。

然而，在实验开始之前，伊丽莎白·牛顿曾尝试让敲击者估算听猜者猜中的概率。由于敲击者提前知道歌曲内容，估算的成功概率是 50%。然而，结果却与此相差甚远。原因是什么呢？

因为敲击者一边击打节拍，脑海中随之想起歌曲的旋律，但听猜者是不可能感知到旋律的，他只能听见一串不连贯的敲击声。而此时作为敲击者，很难想象听猜者听到的是一下又一下分离的敲击声，以为听猜者能像自己一样随着敲击知道歌曲的旋律。这就是"知识的诅咒"。因为我们的知识"诅咒"了我们，我们很难与他人分享这些知识。就如同上面的实验一样，敲击者无法轻易地摸透听猜者那一方的心理状态。

2. 产品设计中的知识的诅咒陷阱

在产品设计中，当产品经理和用户进行需求沟通时，由于产品经理对产品的熟悉程度比用户更深，很容易忽略一些用户可能不太明白的细节，这就是"知识的诅咒"。在这个过程中，产品经理经常会遇到一个问题：产品经理理解的操作逻辑与用户理解的操作逻辑可能并不一致。例如，产品经理可能认为某个功能的使用方法很简单，而用户可能需要更详细的说明才能理解。接下来，我们举一些实际的案例来说明。

在产品设计中，提示信息是连接用户和产品之间的沟通桥梁，是一个看似不重要但又非常重要的产品功能。比如，在注册时要提示用户注册状态，在登录时要提示用户登录状态，在资料审核时要告知用户审核状态，在推送文章时要告知用户推送状态。这些提示信息可以让用户更好地了解产品的使用方法，从而提升用户体验。

然而，在实际的产品设计中，我们经常会发现产品的提示文案只有研发人员才能看得懂，而用户却难以理解。这种情况会影响用户的使用体验，甚至导致用户对产品的不信任。因此，产品设计者需要认真思考如何编写易于用户理解的提示文案。

举个例子：某用户在某知名网站上进行文章检索时，出现了如图 7-1 所示的提示文案。

我们先来分析一下这个提示文案包含的信息，一般来说可能会有两种理解：一种是用户检索的内容确实不存在，另一种是用户检索时系统出现了 Bug。想象一下用户的检索场景，此时他一定非常苦恼，明明知道检索发生了错误，自己却看不懂。他可能会在网站上漫无目的地点击不同的链接，也可能会尝试不同的关键字，但是无论怎么操作都有可能找不到自己想要的结果。这时，他只能在网站建议或意见模块留下自己的问题，希望能够得到帮助。

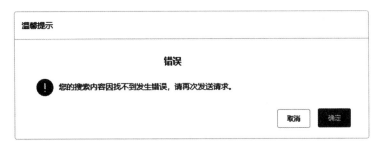

图 7-1　文章检索错误提示（一）

后来反馈的用户越来越多，于是，产品经理做了一版迭代优化，优化后的提示文案如图 7-2 所示。

图 7-2　文章检索错误提示（二）

显然，第二个版本的提示文案更加贴近用户的使用场景。具体来说，它清晰明了地告知用户检索的文章不存在，同时引导用户尝试搜索其他相关内容。此外，这个版本还考虑到了用户的搜索体验，避免了用户因为找不到结果而感到迷茫或无助的情况。因此，用户会更加愿意使用这个搜索功能。

我们思考一个问题：为什么会出现像第一版那样的提示文案？很明显，这是一种知识的诅咒。产品设计者试图通过一种提示文案来解决两个问题：第一，用户输入关键词后没有检索到相关文章（查无此文章）；第二，程序接口请求报错（一般为查询程序 Bug）。但这样的提示设计几乎只有产品或研发人员才能明白，用户很难理解。因此，我们在产品设计中可以采用第二种提示设计，将"文章检索不到"作为一种提示文案。如果确实是因为程序接口请求错误，还可以使用其他用户能理解的提示文案告知用户。

3. 如何避免知识的诅咒陷阱

（1）尽量使用用户看得懂的设计语言

在产品设计中，产品设计者很容易陷入知识的诅咒陷阱，比如使用商家或用户看不懂的语言提示，或使用行业术语。这种情况经常被产品设计者忽略，错误地认为用户使用产品需要学习成本，必须接受教育。

然而，这既违背了产品设计者成为用户的设计理念，又违背了让用户获得心流体验的设计理念。因此，在产品设计中需要尽量避免使用行业术语，使用的设计语言必须能让用户看懂。

（2）降低用户使用成本，力求简单化

与用户看得懂的设计语言相比，我们常常发现产品中存在设计的知识陷阱。例如，产品交互设计过于复杂，导致用户使用成本偏高；核心按钮放置不合理，隐藏在用户不易觉察的位置等。

这些都是产品设计者知识的诅咒陷阱导致的。他们以为用户已经习惯这种操作，实则不然。即使再简单的产品也存在用户障碍。本应该是用产品来解决用户实际遇到的问题，却变成了必须先解决产品的使用问题，才能解决用户的实际问题。

因此，在产品设计中，需要尽量简单化设计，因为人们天生不喜欢复

杂的事情。复杂的产品设计会使用户望而却步。

总的来说，避免知识的诅咒陷阱需要产品经理具备更加敏锐的观察力和沟通能力。在与用户进行需求沟通时，需要更加仔细地听取用户的反馈，并不断调整自己的思考方式。这样，才能够真正地理解用户的需求，并设计出更加优秀的产品。

7.4　知识的错觉陷阱

1. 什么是知识的错觉

在《知识的错觉》一书中有这样一段精彩的描述："人类的心智是一个矛盾体，即人类心智是天资与悲怆、聪慧与愚昧的合体。"人类都有一种错觉，认为自己了解世间万物，而事实上我们的理解是微不足道的。我们的知识可能来自他人、互联网或者事物本身。我们真正知道的东西远比自以为知道的要少。不知道自己不知道，则是最可怕的无知，这就是所谓的"知识的错觉"。

比如，《知识的错觉》一书中作者讲述了一个故事：英国利物浦大学的丽贝卡·劳森为心理学专业的学生设计了一项实验。她展示了一辆有零件缺失的自行车（见图 7-3），要求学生补全自行车缺失的零件，并在正确的位置安装这些缺失的零件。

实验结果让人难以置信。近一半的学生无法正确补全自行车缺失的零件。即使侥幸进行了零件补全（见图 7-4），学生也依然不确定是否正确。甚至丽贝卡·劳森以四选一的方式要求学生选出正确的图片，结果也不尽如人意。很奇怪的是，许多学生选择了前后轮都缠有链条的图片，但这种结构下车轮是不可能转动的。

图 7-3　有零件缺失的自行车

图 7-4　补全零件的自行车

可千万不要小看这个实验，即便是专业骑手在这一看似简单的问题上也拿不了满分。这种平日里司空见惯的物件，甚至那些每次使用都觉得其原理显而易见的东西，我们的理解竟是如此粗浅。

2. 产品设计中的知识的错觉陷阱

"人一次也不能踏进同一条河流"是古希腊哲学家克拉底鲁说的一句话。在哲学上这属于相对主义诡辩论，它夸大了绝对运动，否定了相对静止的存在。

其实，这句话也适用于产品设计领域。即使产品定位相同，功能设计相同，我们也完全不可能设计出完全相同的产品。即使差异再小，也是差异。

不仅不能完全相同，而且我们还会因为过于熟悉而忘记那些基础的产品设计，比如看似简单的登录设计却难以做好。登录设计通常是通过手机号进行注册后登录。然而，要想做好登录设计并不容易。为什么这么说呢？因为我们过于熟悉而忽略了登录设计的许多细节，甚至会被批评做得太过细致，有画蛇添足之嫌。

那到底要如何才能做好登录设计呢？以手机登录这个字段为例，我们需要考虑以下几个因素。

- 数字校验：手机号只能包含阿拉伯数字。在设计中，我们需要剔除非数字输入限制。
- 位数校验：国内手机号的位数为 11 位，而其他国家则不同，我们在设计时需要因地制宜。
- 非手机号码校验：比如国内手机号基本以 1 开头。因此，在设计中，我们需要针对国内手机做好非 1 开头数字输入的校验。

仅仅是一个简单的手机登录字段就涉及以上几个问题。然而，大部分采用手机登录的系统并没有做到这些，导致用户在输入过程中可以输入非手机号字符，可以输入超过 11 位的手机号，给用户带来了不友好的体验。

然而，这些问题在产品设计中却屡见不鲜，产品设计人员常常会太过于熟悉某个领域的设计而忽略最基本的设计常识，这也是我们看过了无数的产品设计方案后，依然做不好产品的原因之一，因为我们陷入了知识的错觉陷阱。

3. 如何避免知识的错觉陷阱

（1）培养求知心态

我们要能区分自己的知识边界，知道哪些是自己知道的，哪些是自己不知道的。对于自己不知道的知识，要谦虚地去学习。我们不仅要充分利用自己的知识和技能，也要善于利用他人的知识和技能。产品设计与任何其他领域知识一样，是一门需要长期学习的知识，需要永远抱有求知的心态，不要因为过于熟悉而轻视，只有这样才能抵御产品设计中知识的错觉陷阱。

（2）克服信息越多越好的认知错觉

造成知识的错觉的原因之一在于信息量太多，信息过多会耗尽我们的注意力，让我们抓不住重点，理解不了信息的真正含义。

在许多情况下，我们在庞杂的产品知识海洋中游荡，产品设计者会陷入设计的误区，误以为掌握了产品设计的秘诀。比如，我们可能看过无数电商产品设计指南，以为自己已经掌握了核心知识。但实际上，这些指南只是让我们熟悉了相关知识，而不是真正掌握了关键的技巧。

7.5 光环效应陷阱

1. 什么是光环效应

光环效应又称晕轮效应，最早是由美国著名心理学家桑戴克于 20 世纪 20 年代提出的。他认为人的认知和判断往往只从局部出发，像日晕一样，由一个中心点逐步向外扩散成越来越大的圆圈，并由此得出整体印象。据此，桑戴克为这一心理现象起了一个恰如其分的名字——"晕轮效应"。

光环效应是指一个人或一件物品的某种特质一旦给我们留下很好的印象后，我们会在这种印象的影响下对这个人或者这件物品的其他特质产生同样的评价。

我们来讲一个有趣的故事。大概是 1963 年的一天，非洲坦桑尼亚一名中学生姆潘巴发现一个奇怪的现象，他将一瓶热牛奶和一瓶冷牛奶同时放入冰箱中，却意外发现热牛奶比冷牛奶先结冰。这一现象令他不解，于是他跑到学校请教老师。此时正值一名达累斯萨拉姆大学物理系主任来他们学校访问，姆潘巴将这一现象告诉了主任，但主任并没有立马回答他，而是事后回到实验室亲自做起实验来，结果和姆潘巴所描述的现象如出一辙。于是，人们就把这种现象称为"姆潘巴现象"。至 2004 年的 40 多年来，"姆潘巴现象"一直被人们当作真理。

故事到这里并没有结束。2004 年，上海向明中学一女生庾顺禧对这一现象提出了质疑。在科技名师黄曾新的指导下，庾顺禧和另外两名女生开始研究姆潘巴现象。她们利用糖、清水、牛奶、淀粉、冰激凌等多种材料，采用先进的多点自动测温记录仪记录了上万个数据后进行多因素分析，最后得出结论：在同质同量同外部温度环境的情况下，热液体比冷液体先结冰是不可能的。

为什么一个不存在的现象竟然被人们当作真理认同了 40 多年，而没有人对它提出质疑？原因很简单，因为这个结论是物理学家给出的，大家认为既然他是物理学家，结论肯定就是正确的。可人们为什么会有这样的想法呢？这其实就是光环效应的作用。

然而，当我们被光环效应包围时，我们的视野会受到限制，容易出现错觉和偏见。这时我们往往会优先考虑那些有光环的选项，而忽略其他可能更好的选择。但实际上，我们需要警觉光环效应对我们的影响，并尽可能多地获取信息和数据，以便做出更准确的判断。

2. 产品设计中的光环效应陷阱

苹果手机电池续航时间不长一直是用户吐槽的焦点。但是，苹果真的不能解决这个问题吗？事实并非如此，抛开苹果手机营销策略的影响外，我们来谈谈用户的光环效应陷阱。

苹果作为智能手机的高端品牌，我们在选择购买它时，对于品牌的信任度大于对于产品本身的信任度，实际上苹果手机的质量也是毋庸置疑的。既然能够造出这么一款高端的手机，却不解决电池不耐用的问题，这或许是大家的一致疑问。可就是这样的实际情况，却丝毫不影响苹果手机的销量。可以说，我们对于苹果手机的喜爱简直就是光环效应的滥用。原本我们只是喜欢苹果这个品牌，由于光环效应，以至于有这样的缺点也并不影响我们依旧喜欢它。

同样，在产品设计中，我们也经常陷入这样的光环效应陷阱，认为只要做好某些产品功能，用户在使用时就会对我们迭代优化的其他功能产生好感，这导致产品设计者只关注核心业务功能，而忽略了产品的基本功能。

比如：A公司的B端产品在核心业务、交互体验、美观设计上下了很多功夫，于是商家在经过市场大肆宣传后购买了A公司的B端产品，但购买后却发现某些功能细节不符合实际场景。以角色控制账号访问权限为例，商家发现一些正在使用的角色还能被删除，可当删除角色后账号就无法找到访问权限，显然这是不符合实际场景的。但A公司的产品设计人员反馈，设计就是如此。这明显就是一个设计的逻辑错误，但商家并没有因此舍弃A公司的B端产品。

3. 如何避免光环效应陷阱

（1）切勿让产品优势掩盖了产品劣势

我们认为，产品光环效应的最大危害就在于过度宣扬了产品优势，从而掩盖了产品劣势，这也是很多产品中经常出现的问题。然而，用户只是迫于对核心功能的需求，选择容忍这些缺点，可产品设计者却误认为用户对其已经产生偏爱，这本质上就是一种假象。比如：苹果手机电池不耐用就是这样的案例。

因此，想要在产品设计中杜绝这种光环效应，产品设计者需要正确区分哪些是产品的优势，哪些是产品的劣势。优势功能可以引导用户使用，劣势功能需要想方设法优化，切勿通过产品优势掩盖产品劣势，将原本存在的问题大事化小小事化了，从而失信于用户。

（2）找到产品设计的不足之处

一个产品设计者最容易犯的错误是自以为是，认为自己的产品设计没有问题。任何一款产品都会存在问题，否则就没有必要进行产品设计和开发，更何谈迭代优化呢？

产品设计者的这种自信也是造成产品光环效应的罪魁祸首之一，不存在全是优点的产品，只是我们缺少一颗善于发现缺点的心。想要避免产品设计中的光环效应，就需要产品设计者关注产品的方方面面，甚至是文案提示、交互跳转，做到事无巨细。很多产品的不足之处就隐藏在不被我们觉察的角落，比如所有衣领处的贴牌设计，就是一个设计上的败笔。

7.6 鸵鸟效应陷阱

1. 什么是鸵鸟效应

鸵鸟是非洲独有的一种鸟类，也是世界上体型最大的鸟类，主要分布在非洲干旱的沙漠和稀疏的草原上。鸵鸟奔跑时的速度最高可达 70 km/h，已经足够应付大多数大型食肉动物的追捕，例如花豹的速度平均为 58 km/h，狮子的速度平均为 65 km/h。然而，每当鸵鸟遇到危险时，它们却习惯于将头埋藏在深深的沙粒中。这是为什么呢？

我们来讲一个有趣的故事。某天，一只鸽子给生活在同一个领地的鸵鸟和雄鹰捎信，告诉它们将会有外来族群侵犯它们的领地，希望它们提前做好御敌准备。雄鹰听后开始准备食粮，构筑住所，但鸵鸟却在一旁观望。几天后，外来族群开始进攻它们的领地，雄鹰奋力与其厮杀，而鸵鸟见状，将其头颅深深地埋藏在沙粒中。几番搏斗后，雄鹰击退了外来族群。这时，雄鹰见鸵鸟的头还在沙子里埋着，大声说："敌人已经被我们击退，你们还不把头抬起来？"听了这话，鸵鸟才把头从沙子里抬了起来，说："好险啊！多亏我们把头埋了起来，否则岂不是要大祸临头！"

后来，鸵鸟又遇到了劲敌，仍然采取同样的办法，但这一次却没那么幸运了。没有了雄鹰的帮助，把头埋在沙子里的鸵鸟大败而归。

从此，人们称鸵鸟的这种行为为"鸵鸟效应"，用于指面对危机时，不正视现实，不主动出击，一味采取回避的态度，最终只会造成重大损失。

2. 产品设计中的鸵鸟效应陷阱

产品设计中的鸵鸟效应陷阱主要表现为当产品设计违背用户意愿或者无法满足用户需求时，产品设计者所表现出的自我欺骗、掩耳盗铃的行为。尤其是一些大型公司的核心产品，这种鸵鸟效应表现得更加明显。

我们来举个例子说明。某软件公司是一家资深的 ERP 企业，在行业中深耕了 20 年。我们自然会认为这家公司的产品非常优秀，否则它也不可能经营这么长时间。但事实并非如此，它的产品存在许多问题，虽然都不是致命的问题，但确实无法满足用户需求。每当客户提出修改请求时，产品设计人员只是一味地解释和搪塞。久而久之，用户在数次无法解决问题的情况下，选择远离这家公司的产品。

经过仔细分析，我们发现这家公司存在两大问题：

第一，产品自身问题。由于产品存在时间较长，很多历史问题无法追溯。修改某一个业务功能就会影响整个产品，除非问题非常严重，否则研发人员不会做出大的调整。因此，即使用户有需求，研发人员也只能进行一些小的修补，无法从根本上解决产品的问题。

第二，设计者问题。产品的所有问题几乎都是人为造成的。一旦人陷入鸵鸟效应陷阱，即使是小问题，也不愿意去处理。例如，一个小小的文案提示，用户看不懂，可是产品设计者却无动于衷。他们会想出各种理由说服用户，解释为什么会出现这样的提示、为什么无法修改等。因此，我们认为，产品设计中的鸵鸟效应并不仅仅体现在产品设计上，而是产品设计者的问题要远远大于产品本身。

3. 如何避免鸵鸟效应陷阱

（1）正视产品的设计缺陷

不存在没有任何问题的产品，即使是知名公司设计的产品，或多或少也会存在问题。因此，作为产品设计者，一定要正视问题的严重性，不要一味逃避或解释，而是要找到解决问题的方案，并按照主次顺序尽快解决问题。

（2）改变遇到问题的心态

产品心理学修养不仅仅体现在产品设计上，产品设计者自身的修养也是至关重要的。为什么我们会出现鸵鸟效应？其本质就在于我们对问题的认识和自身修养不够。无论遇到什么事情，只要有一点困难，我们就习惯性地退缩，这是产品设计者的不良心态。

作为产品设计者，我们需要独当一面，对整个公司负责。因此，改变自己对产品的主人翁心态非常重要。只有当我们把产品看作自己的孩子时，无论遇到什么困难，我们才会想办法去解决。

7.7　路径依赖陷阱

1. 什么是路径依赖

路径依赖也称路径依赖性，是指一旦事物进入某一条路径（无论是"好"还是"坏"），就可能对这种路径产生依赖。下面给出两个案例。

案例一：为什么现代铁路的两条铁轨之间的标准距离是 4 英尺[○]8.5 英寸？

早期的铁路建设是由英国建电车的人设计的，电车所用的标准轮距就是 4 英尺 8.5 英寸。

那么电车为什么要采用这样一个标准呢？这是因为最先建电车的人以前造马车，而马车的标准轮距正好是 4 英尺 8.5 英寸，所以电车沿用了这一标准距离。

马车为什么要采用这样一个标准呢？这是因为英国马路的辙迹宽度正好是 4 英尺 8.5 英寸，所以为了便于马车顺利通行采用了这一标准。

英国马路的辙迹为什么要采用这样一个标准呢？这是因为整个欧洲的马路都是由古罗马人根据战车的宽度建成的，而战车的宽度正好是 4 英尺 8.5 英寸。

古罗马人的战车为什么要采用这样一个标准呢？这是因为牵引战车的两匹马之间的宽度正好是 4 英尺 8.5 英寸。

这个故事听起来略显滑稽，但正是这个故事演变出了一个经典理论——路径依赖理论。

○　1 英尺 = 0.304 8 米。——编辑注

案例二：为什么键盘上的 26 个字母要按这样的方式排列？

也许我们会有这样的疑惑：为什么键盘上的 26 个字母要按照这种方式排列呢？我们很可能会猜测这种排列方式一定有其科学依据，也许是因为它更符合我们手指的敲击习惯，也可能与字母的使用频率有关。

其实事实并非如此。因为早期的键盘是机械式的，其中 Q、W、A、S 这几个键容易损坏。为了方便维修，人们将这四个按键放在了左上角的位置。这与我们之前猜测的手指敲击习惯和字母使用频率没有任何关系。

在电子化键盘发明之后，人们尝试了新的排列方式。新方案是根据人们的手指敲击习惯和字母的使用频率来设计，可以提高打字效率。

然而，结果出乎意料，没有人采用这种被广泛认为可以提高打字效率的设计方案。原因是人们已经习惯了使用原始键盘进行打字，而不愿意尝试使用新的设计方案。因此，这种不科学的字母排序一直沿用至今。

这也是路径依赖最好的例证，一旦人们做了某种选择，就再也不想离开既定的轨道，并愿意沿着这条路一直走下去，即使这条路有很多不便之处。

2. 产品设计中的路径依赖陷阱

当一个产品在市场上取得成功后，它所建立的操作习惯会慢慢地影响我们的使用方式。即使这个产品有明显的缺点，我们仍然倾向于使用它，并表现出不轻易替换的态度。

例如：在琳琅满目的浏览器市场中，目前还能叫出名字的有 360 浏览器、火狐浏览器、微软 Edge 浏览器（其中 IE 浏览器已经停止更新）及谷歌浏览器等。虽然看似相似，但是各浏览器在产品设计上都有其独特之处，特别是在收藏夹设计方面。

我们习惯使用浏览器的收藏夹来存储重要的内容。但是我们发现，只有谷歌浏览器无法像其他浏览器一样，在当前窗口中点击收藏内容就可以实现新窗口打开页面（通常我们会在操作时覆盖当前页面）。如果想要实现新窗口打开页面，我们必须按住 Ctrl 键并单击链接。这种操作不仅不合理，而且与我们的操作习惯相违背。

然而，即使是这样，也丝毫没有影响谷歌浏览器在用户心中的地位，尤其是对于从事开发的人员。从最初的 Netscape Navigator，到 Internet Explorer 的垄断，再到 Firefox 的崛起，以及最近几年 Chrome 的统治地位，浏览器市场一直在不断变化，但尽管如此，谷歌浏览器依然占据着开发者心中的一席之地，成为他们最常用的工具之一。每当谈及最佳浏览器时，我们总是会毫不犹豫地推荐谷歌浏览器。

这种现象源于产品设计中的路径依赖陷阱。我们已经习惯了按住 Ctrl 键才能在新窗口中打开链接，这种依赖习惯已经根深蒂固。要改变我们的思维方式非常困难，即使产品设计本身存在缺陷，我们也会不厌其烦地使用它。

3. 如何避免路径依赖陷阱

（1）养成产品设计的创新思维

路径依赖是一种束缚我们思维的习惯。这种习惯在交互设计中尤为常见，如果我们长期习惯于某种设计，那么当我们遇到类似的产品时，会不自觉地想到这种设计，从而无法进行产品创新。

为了避免路径依赖陷阱，需要养成一种创新思维。我们可以用求异的思维去看待和思考问题，刻意从常规思维的反方向去思考产品设计，例如：我们可以问自己为什么要采用这种设计方式，还有没有其他的解决方案。在进行产品设计时，我们需要多问自己这些问题。久而久之，我们的思维习惯才能慢慢改变，从而能够更好地进行产品创新。

（2）跳出固有思维，勇于面对用户的"谩骂"

作为产品设计者，我们深知在许多情况下，即使我们明白当前的产品解决方案是一种错误的示范，也会无视这种错误。这是因为用户已经习惯了这种错误的产品解决方案。甚至当我们将产品优化为正确的设计时，用户可能会反对。例如在上述案例中，对键盘的创新设计，一些用户提出了异议。

因此，要避免路径依赖的陷阱，我们需要跳出固有思维的束缚。只有勇于面对用户的"谩骂"，才能真正解决用户的需求。

7.8　刻板效应陷阱

1. 什么是刻板效应

刻板效应也称为刻板印象，是指个人受到社会环境或周围人的影响，对某些人或事产生固定的看法。一般认为，一个人产生刻板效应主要来源于两个方面：一方面，直接与某人、某事或某群体接触，将其特点固定化；另一方面，由他人间接信息的影响形成。其中，他人间接信息的影响是刻板效应形成的主要原因。

一旦形成刻板印象，就很难改变。比如：穿着朴素的 IT 男一定具备很强的逻辑思维，戴着眼镜的年长教授一定知识渊博。

刻板效应是人们在认知和行为中出现的固定模式或偏见。它不仅影响我们的生活，也同样影响产品设计。比如：一些人可能会认为搜索引擎充满了广告和低质量的结果，难以找到真正需要的信息；一些人可能认为视频分享平台充斥着低质量内容和暴力等信息；一些人可能认为在线游戏会导致沉迷其中而忽视现实生活，同时会增加孤独感和社交距离。这种刻板效应会让人们在选择产品时，很容易受已有的印象影响，从而忽略其他更好的选择。此外，产品设计者受刻板效应的影响，可能会在设计中采用类似的模式和元素，导致产品缺乏创新性和差异性。因此，了解和避免刻板效应对于提高产品设计水平至关重要。

2. 产品设计中的刻板效应陷阱

在产品设计中，刻板效应的案例非常常见。比如，在移动应用程序的新手引导页面中，为什么大部分新手引导页面都由四张图片进行切换，最后一张图片是进入应用首页的统一入口呢？

我们可以看到很多这样的案例，每当一个产品进行新品发布或大版本迭代优化时，产品设计者都习惯于使用这样的引导页，以便让用户感知产品变化。然而，我们是否曾想过，能否换一种实现方式，比如语音对话模式、聊天模式，甚至视频讲解模式？

在一项实验中，有人进行了这样一个用户调查：如果我们在做新产品引导时去掉这种图片引导方式，用户的赞成比例有多大？实验结果表明，用户根本就不关心产品是何种引导方式，他们只关心是否能够清楚地知道产品的特性。这也表明，在产品设计中，并不是说以四张图片作为产品特性引导是最佳的设计方式，用户对此并不关心。

实验结果同样启示我们，那些被视为设计定律的产品交互方式并没有让用户产生依赖，反而是产品设计者的思想禁锢了自身的产品设计。

3. 如何避免刻板效应陷阱

（1）摒弃先入为主的思想禁锢

刻板效应在产品设计中的出现，往往是因为设计者思维僵化，对某些设计方案存在先入为主的看法，认为改变会违背用户的使用意愿。实际上，这些看法可能只是设计者的个人观点，而用户的想法会随着时间的推移发生变化。

因此，我们认为产品设计者应该善于用"亲眼所见"来核实"偏听之言"，有意识地重视并寻找与刻板印象不符的信息。

（2）成为产品的目标用户，体验用户的思维方式

在 2.2 节中，我们讲解了一个用户同理心模型。该模型的最终目标是让产品设计者成为产品的目标用户。这一目标的实现需要产品设计者深入用户内心，了解他们的需求和偏好。为此，产品设计者需要与用户广泛接触，并重点加强与用户中典型和代表性成员的沟通。通过这些沟通，产品设计者可以不断地验证刻板效应中与现实不符的信息，最终避免刻板效应的负面影响，获得正确的认识。

第 8 章

产品设计中的心理学案例

作为一门研究用户心理活动及变化的学科，心理学可以被应用于产品设计领域。在产品设计中，心理学可以帮助我们更好地理解用户的需求和行为，并通过对用户心理活动的研究来做出更有趣、更具吸引力的产品设计。例如，我们可以探究以下问题：

- 为什么用户愿意支付费用来体验不同的服务？
- 为什么用户在面对不确定的事情时会冒险？
- 为什么用户对免费或打折的物品没有免疫力？
- 为什么用户会毫不犹豫地购买明星推荐的产品？

这些问题都与心理学有关。本章将会分析这些现象，并通过案例研究来还原用户在这些场景中的真实心理活动，以及为什么他们会产生这样的心理动机。我们希望通过这些研究，帮助更多的产品设计人员更好地理解用户，从而创造出更好的产品。

8.1 增值费中的优越心理学

我们先来熟悉一个概念，叫作"增值费"。在日常生活中，我们经常使用各种通信设备和服务，如手机、电视、互联网等。它们的基本功能通常是打电话、看视频、上网等。但是，如果我们需要使用更高级的功能，比如流量加油包、高清电影、游戏等，那么就需要支付额外的费用，这就是所谓的增值费。增值费是一种非常普遍的商业模式，因为它可以让企业在提供基本服务的同时，通过提供更多的附加服务和功能来获得更多的收入。虽然增值费有时会被消费者视为一种负担，但它也可以为消费者提供更便捷、更多样化的服务选择。

为什么我们会心甘情愿缴纳增值费呢？从本质上来说，增值服务是在满足大众化需求的基础上再次满足个性化需求。但为什么我们会产生个性化需求呢？这是由我们的心智所决定的。我们的心智在形成的过程中天然地包含了大众心理需要和个性心理需要。当我们满足了大众心理需要后，必然会追求个性心理需要，因为个性心理需要的本质在于拥有特权。

在生活场景中，人们的个性化需要日益增长，因此出现了许多与此相关的服务功能。其中，常见的 VIP 会员（指尊贵的人群所持有的一种特权）就是一个非常好的案例。

我们可以看到许多产品都采用了 VIP 会员这种个性化服务的设计，比如视频软件中，VIP 会员可以免广告观看视频，提前点播电视剧；购物软件中开通会员后，可以享受折扣优惠；音乐软件中，只有 VIP 会员才有权限听付费的歌曲；游戏产品中，会员等级越高，拥有的能力越强等。可以说，VIP 会员是一种具有魔力的产品。当我们拥有 VIP 会员身份时，相比普通人群，我们会自然而然地产生优越感，而 VIP 会员等级越高，这种优越感就越强烈。

特别是在游戏类产品中，这种通过提升会员等级获得优越心理的表现极为强烈。有些人甚至通宵达旦挂机刷游戏等级，有些人则通过付费购买会员等级。这些行为都是为了追求这种优越的心理感受。

我们看一个小例子。小王是一名热爱竞技游戏的玩家，除了上班，他的生活就是玩游戏。他的朋友们都称他为"某游戏软件"的殿堂级人物。到目前为止，他的游戏等级是众多朋友中最高的。有一天，他的同事给他介绍了一位同样热爱这款竞技游戏的小宋。两人相谈甚欢，但在交谈过程中，小王发现与小宋相比，自己的游戏会员等级简直是不值一提。小王感到无地自容，于是暗自发誓要超越小宋。

从那以后，小王上班时心不在焉，每天下班后则全身心地投入游戏中，甚至废寝忘食，但一直没有超越小宋。小王感到很失落，决定向小宋请教，问他如何才能达到与他一样的游戏会员等级。小宋毫无保留地告诉小王，他的会员等级实际上都是通过付费购买来的，自己并没有真正地玩游戏。

大家可能认为小王听了真相后会放弃对游戏会员等级的追求，但实际上小王却效仿小宋的做法，直接花了几个月的工资买到了比小宋更高的游戏会员等级。他还信誓旦旦地说自己的会员等级都是通过真正的比赛获得的，并以此在小宋和同事面前炫耀。

故事内容略显滑稽，却是我们真实内心的写照。事实上，小王的心理和我们大多数人一样，特别是在自己喜欢的事物面前，为了满足内心的需要，我们一定会用尽各种方式来获取，以此来满足自己的优越心理。

回到主题上，我们可以总结出增值费的优越心理：游戏产品设计者抓住了用户的这种心理需求，设计不同等级对应的权益，等级越高，享受的权益就越多，但某些等级无法通过玩游戏达成，需要通过付费才能获得。如果玩家心存这种付费的心理动机，就很容易落入游戏设计者的陷阱，直接付费。

实际上，付费背后存在三个主要原因：首先，用户渴望获得这种优越感；其次是增值费的诱惑，它可以让用户享受不同的服务，特别是在极度渴望某项服务时；最后是占有心理，一旦用户产生占有心理，那么游戏设计者的付费成本就变得极低。

8.2　泡泡玛特中的盲盒心理学

提到盲盒，我们很可能会想到泡泡玛特这家潮文化公司。的确，我们对盲盒的关注是从这家公司在行业中脱颖而出开始的。但你是否曾经想过，为什么一个看不见、摸不着的盲盒会让用户如此着迷，甚至愿意花高额的费用购买呢？

在对其进行分析之前，我们先来追溯一下盲盒的历史。其实它并不是一个新鲜产物，早在 20 世纪 80 年代，日本就出现了一种商品叫作福袋，而盲盒大约源自于它。当时，日本百货公司销售一种福袋，福袋里面会装有各种款式不同但往往价格高于福袋本身价格的商品。而这种福袋只是用来处理百货公司尾货的销售方式。后来，随着福袋在一些特定的节日销售，出现了很多消费者前来购买福袋的现象。

商家抓住了机会，将这种福袋商品化，并逐渐演变成了专门出售手办模型的线下扭蛋。扭蛋的玩法与福袋类似，里面大部分是一些玩具模型、挂件和饰品等。20 世纪 90 年代，国内也出现了一些集卡营销现象，比如小浣熊干脆面的水浒卡。这样的集卡营销算是国内盲盒营销的实践，只不过当时的盲盒产品是作为其他商品的附赠品形式出现的。

随着时间的推移，盲盒的概念逐渐为人所熟知，但盲盒市场一直没有受到太大的关注。直到 2016 年，随着泡泡玛特等公司在行业中的崛起，盲盒的概念才逐渐为人所知，盲盒营销逐渐风靡，成为一种流行趋势，并激活了青少年潮流玩具市场。

然而，在盲盒圈层中，有一种奇怪的现象风靡起来。很多盲盒爱好者收集盲盒产品仅仅是为了寻找乐趣或享受收集的过程。在这个过程中，很多年轻人又被"种草"，因此，人们收集盲盒的行为变得越来越流行。

现在让我们回过头来看看，为什么盲盒在青少年中如此受欢迎。显然是因为 Z 世代这一群体的出现。他们注重消费体验，喜欢新鲜好玩的东西，更容易接受奇特的事物。因此，泡泡玛特等公司正是看到这一群体的特征，迅速开发了符合 Z 世代群体多元化需求的产品。

仔细分析泡泡玛特这类公司的产品，我们发现盲盒产品在设计中具有以下三个特点，并且每个特点都包含了用户心理学思考。

1. 引路钩子

盲盒产品设计的本质是要抓住我们的好奇心，因此采用了一个很好的引路钩子。当我们接触盲盒产品时，我们会好奇里面到底是什么东西。一旦产生好奇心理，我们的心智就不受自己控制，会克服所有心理负担去尝试盲盒。

同时，这种引路钩子的设计还挑战了我们对未知事物的认知。未知事物的魔力将大于好奇心理，会促使我们去搞清楚盲盒中到底是什么物品。

2. 传播链条

盲盒产品通常被摆放在人群密集的市场、商场、超市等场所，这种摆放方式挑战了大众的心理行为。一旦我们看到很多人围在一起玩盲盒，就会产生群体效应，个人的个性心理也会出现。这种心理常表现为："为什么他们都在玩这个东西？我也想去尝试一下。"

显然，这样的传播链条设计是正确的。因为在做任何决策时，我们都会寻找认同点。行为与自身认同点越相符，我们的选择性就越强。玩盲盒其实就是基于这种心理。

3. 复利效应

盲盒产品的复利效应带来的价值远远大于盲盒内的商品价值。这是因为在玩盲盒的过程中，我们还存在赌徒心理。每次购买时，我们都希望获得自己满意的产品。但实际上，盲盒在设计过程中放置令我们满意的商品数量是有限的，有可能那件满意的商品早就被别人买走了。但尽管如此，我们仍义无反顾地认为自己就是那个幸运的人。

于是就产生了复利效应。买了一个，还要继续购买两个、三个，甚至更多。这种复利效应不仅仅表现为单次行为，我们在多次购买盲盒后依然还会产生。

8.3　分享裂变中的传播心理学

我们发现几乎所有产品都包含"分享"功能，如微信的朋友圈、抖音的短视频、腾讯的 QQ 空间、有价值的文章、性价比高的商品及有传播意义的纪录片等。为什么这些产品要做分享功能呢？

要回答这个问题，需要从用户心理学的角度来说。人不是独立的个体，而是生活在一个复杂多变的世界中，我们渴望与人交流、互动，分享自己的喜怒哀乐和所见所闻。

比如，当我们看到一部非常好的电视剧时，习惯于与身边的朋友分享；当我们阅读一本有价值的书籍时，也习惯于与身边的朋友分享；当我们听到一首旋律不错的歌曲时，同样习惯于与身边的朋友分享。

可以说，分享源于我们的灵魂、心智，同时受到我们生活的这个复杂环境的影响。

因此，产品中设计分享功能的出发点正是满足我们对分享的需要。接下来，详细分析一下产品中关于分享功能设计应该思考的三个核心要点。

1. 制造动机

什么是制造动机？它指的是在产品中设计分享的动机。这句话的意思是什么？简单来说，任何用户，包括我们自己，都不会随意分享一个东西。这表明分享功能的设计并不是简单地设置一个分享按钮，需要思考为什么我们想要分享。

1）自我认同。例如，在电商产品的商品详情页中设置分享按钮。当我们浏览商品详情时，如果对该商品产生偏爱，则会产生分享的动机。

2）传播价值。如果分享的内容本身不具备传播价值，那么分享动机就非常渺小。这也是分享按钮放在商品详情页面而不是商品列表或商品分类页面的原因。因为商品列表和商品分类承载的内容与商品详情的侧重点不同，很难产生传播价值。

3）寻找认同。分享的目的是把自己认同且具有价值的东西分享给别人。因此，寻找认同是制造动机的最后一步。在设计分享功能时，我们需要思考哪些用户将使用分享功能，以及他们将分享给哪些用户。

2. 路径设置

越是简单的东西越能被人们接受。因此，在设计中若想要用户产生传播行为，分享功能的路径设置不能太复杂，超过三个步骤的点击动作，用户的分享行为将会大大减弱。

举个例子，如果我们想将一个商品分享给微信好友，通常需要执行以下操作：①单击"分享"按钮；②选择微信；③找到需要分享的好友并确认分享。这是第三方应用想要分享到微信必须遵循的过程，这样的链路还是相当长的。如果不是必须分享到微信，几乎没有用户会选择分享。

在分享的路径设置上，还存在另一种设计方式：将想要分享的商品制作成一张精美卡片，并在卡片上贴上商品的二维码。只要将卡片保存到本地相册，就可以随时随地与好友分享。虽然相对于直接将链接分享给微信好友，这种卡片方式并没有简单很多，但当前微信的分享模式也只能满足这样的设计逻辑。

因此，我们认为，要想实现直接分享到微信，微信生态系统还需要进一步进化，例如提供微信通讯录接口，供第三方应用程序直接调用。

3. 互利互惠

在《上瘾：让用户养成使用习惯的四大产品逻辑》一书中，尼尔·埃亚尔介绍了一个"上瘾模型"。该模型中有一个环节叫作"多变的酬赏"，即适当给用户一些奖励，会使产品变得与众不同，这样用户才能更喜欢你的产品。

同样，分享功能也可以采用这种"多变的酬赏"策略，我们称之为"互利互惠"。也就是说，参与分享的人和被分享的人都应该获得一些奖励，才能激发分享者的分享行为和被分享者的参与行为。例如，邀请好友注册成为会员，邀请者和被邀请者各自可以获得 10 元现金红包。

8.4　限时秒杀中的抢购心理学

"秒杀"一词起源于日本的综合格斗，主要用于格斗双方中的强者在短时间内战胜弱者的竞技行为，俗称为秒杀对方。后来，秒杀又演变成各种游戏中的绝杀招式，因为其分分钟就能产生击倒对方的效果，其后又被零售商家引入超市中用于商品促销的销售模式。

然而，在商品促销中，秒杀有其新的定义，一般是指商家为了提升商品的销量，通过甄选数量有限的优质单品，设置一个优惠的促销价格（仅在秒杀时间内），限制以秒为时间（慢慢衍生为小时，甚至天）单位的购买行为。

从秒杀的定义中，我们发现一个秒杀活动具有三个核心要素：一是商品数量有限；二是价格优惠有限；三是抢购时间有限。三个要素都具有一个共同的特点——少，这就给我们造成一种直观的心理印象——稀缺。于是，当我们面对秒杀活动时就会产生抢购心理，因为商品数量有限，价格又比平常优惠，但时间有限，不参与抢购，几乎难以得到这么优惠的商品。

因此，我们对限时秒杀活动几乎没有免疫力。接下来，我们将进一步分析在秒杀产品设计中如何激发用户的抢购心理。

1. 稀缺效应营造

秒杀活动的三要素本身就在强调商品数量有限、价格优惠有限、抢购时间有限。因此，在产品设计中，我们需要将这三个因素进行无限放大，营造一种稀缺感，让用户在看到商品时就迫不及待地单击"立即抢购"按钮。比如特别强调商品数量（只剩最后 10 件）、特别强调商品价格（原价 200 元，现在限时抢购 50 元）以及特别强调时间限制（只剩最后半小时）。通过这种稀缺效应的营造，迫使犹豫的用户产生购买心理，并让他们产生一种错觉，好像错过了就会有很大的损失一样。

稀缺效应营造可以用图 8-1 来说明：①稀缺设置；②营造氛围；③稀缺效应；④立即抢购。

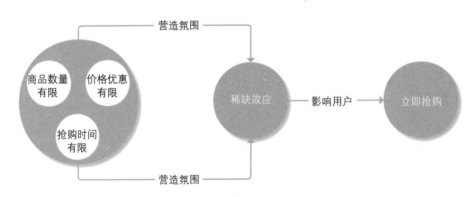

图 8-1　稀缺效应营造

2. 颜色渲染干预

为什么大部分秒杀产品都喜欢用红色来进行渲染设计呢？原因是红色代表热烈、激情和奔放，将红色与秒杀这样急速促销的产品搭配，相得益彰。

同时，我们眼睛所看到的事物，越是对比强烈，越能抓住我们的眼球，而红色正是这样一种表达元素，将其用于促销环境中，我们自然会联想到优惠。因此，对于秒杀产品的颜色设计而言，红色是最佳选择。

3. 视觉动画冲击

适当地让产品中重要的元素动起来，比守株待兔等待用户来点击效果更佳。特别是秒杀类产品，我们希望用户在有限的时间内产生下单行为。因此，在产品设计时，我们需要从被动变为主动。例如：给"立即抢购"按钮添加动画效果，引导用户快速抢购。

当然，也可以从秒杀活动的三要素入手，例如：将商品的抢购数量减少做成动画，将抢购价格与原价对比做成动画，将抢购时间倒计时做成提示动画等，都能有效地刺激用户产生抢购心理。

以上三点有助于增强用户的抢购心理，但在秒杀产品的设计中，不要过度依赖某一要点。这是因为秒杀产品的设计核心是：首先必须满足业务流程的基本逻辑，然后才考虑锦上添花的点缀设计。如果产品本身的基本流程存在问题，过度的渲染设计会显得多余。因此，要搞清主次关系，才能提升产品的用户体验。

8.5　多人拼团中的社交心理学

随着电商业务模式的发展，商家发现消费者越来越难"伺候"。以往只要电商平台的价格稍微比实体店便宜，消费者就会蜂拥而至。如今，优惠的价格也不一定能打动消费者。

因此，电商平台的商家想出各种促销活动来吸引消费者到线上平台购买商品。其中，拼团模式就是其中之一。拼团模式在各大电商平台曾经风靡一时，也一度跃升为一种平台销售模式，受到无数消费者的追捧。

为什么拼团模式会大受欢迎？我们先来了解拼团模式的概念。所谓拼团，是指商家选定某些单品设置一个优惠的价格，购买的第一人作为团长，再将购买的商品分享给好友。好友通过分享链接参与购买，达到拼团指定数量即可成团。但其中成团时间和成团人数有限制，即只能在指定的时间和拼团人数内成团。

从拼团的定义中，我们发现拼团具有以下几个特点：

- 价格优惠。商家选定参与拼团的商品的价格一定是低于该商品的实际零售价格。
- 玩法新颖。采用团长模式，第一个购买商品的消费者即为团长，只有先成为团长，才能将商品分享给好友参与拼团，否则好友单独购买则又重新开启了新的拼团订单。
- 社交传播。拼团的传播途径多为通过社交软件传播，比如微信。
- 时间和数量有限。指定商品的数量有限，所以参与拼团的时间也有限制。

实际上，拼团模式的这些特点恰好抓住了用户的心理：价格优惠恰好抓住了用户贪图便宜的心理，新颖的玩法恰好抓住了用户好奇的心理，社交传播恰好迎合了用户渴望社交的心理，数量有限正好抓住了用户害怕错过的心理。

此外，我们还发现发起拼团者和参与拼团者具有以下心理。发起拼团者的用户心理包括：愿意与朋友分享好物；集体购买价格更实惠；商家的低价促销会让发起拼团者产生锚定效应和认知偏差。参与拼团者的用户心理包括：熟人品牌背书，信任度更高；恰好满足自身需求，增强幸福感（例如：上次参加好友的拼团活动，我买到了心仪已久的衣服）。

经过上述分析，我们找到了拼团受到大家喜爱的真正原因，同时也更加印证了这是一种"杀熟"的营销模式。

然而，在拼团产品设计中仍然需要思考一些核心要点，比如如何增强社交传播、如何做到精准用户推荐等。

1. 如何增强社交传播

成团的核心要素在于发起拼团者分享的链接能够让参与拼团者点击，进而购买。在产品设计中，这条分享出去的链接往往没有灵魂，多数只能通过发起拼团者通知参与拼团者或者参与拼团者主动发现来实现，这降低了拼团的成功率。因此，尝试将链接分享出去，有意地引导拼团者参与拼团是提高拼团成功率的先决条件。

例如：以红包或优惠券的形式进行诱导，促使参与拼团者点击链接；通过短信等通知，让参与拼团者注意到发起拼团者分享的链接。当然，由于微信分享链接受到很多限制，我们可以利用微信本身提供的开放能力进行创新。

2. 如何做到精准用户推荐

提高拼团成功率的关键在于如何缩短发起拼团者和参与拼团者的社交距离。例如，字节跳动基于精准算法的用户推荐模式同样适用于拼团产品。我们可以尝试在拼团业务中构建自身的用户体系，根据商品的购买属性和用户的喜好程度，精准推荐相关的用户，以此缩短社交距离，提高拼团成功率。

8.6　电商预售中的提前消费心理学

预售模式主要是将还未上市的产品预先提供给用户购买。采用预售模式的产品一般为新品,以此来检验用户对新品的欢迎程度。不过,随着市场的不断演化,预售模式的商品也呈现多元化。例如,一些价格昂贵、易碎、难运输的产品通过预售刺激用户的购买欲望。

预售一般分为传统预售和电商预售,两者在产品是否提前生产上有着微小的差别。

- 传统预售:产品主要有新品,或者易碎、昂贵的产品,但基本还未上市,或者处于生产中。
- 电商预售:产品主要有新品,或者易碎、昂贵的产品,但基本还未上市,或者处于生产中,当然多数情况下,产品已经在仓库中。

无论是传统预售还是电商预售,按付款模式通常分为全款模式预售、定金模式预售和预约模式预售。其中,全款模式预售一般是用户一次性结清预售商品的款项,定金模式预售最终会将定金作为产品销售价格的一部分进行抵扣,预约模式预售则不需要提前付款,只有当产品真正销售时,用户才下单购买。

与一般商品售卖相比,预售需要用户提前付款,然后在一定时间周期后拿到商品。但是,大家是否想过用户提前付款的动机是什么呢?

要想了解用户提前付款的动机,就必须从产品设计的底层逻辑出发,分析在电商预售中植入了哪些用户心理学思考。

1. 用户心理学思考一:猎奇

对于新品的预售,产品设计的出发点在于抓住用户的猎奇心理。比如,一款新出的手机主打拍照,在手机领域享有很高的评价。如果用户正好是拍照手机的发烧友,在产品还未上市且处于预售时,用户就会产生强烈的购买动机。

2. 用户心理学思考二:稀缺

对于一些昂贵、有价值、有纪念意义的商品来说,它们通常是稀缺的。预售产品的设计逻辑就在于抓住用户认为稀有物品更有价值的心理。例如,2022 年冬奥会吉祥物——冰墩墩就很难买到,如果当时一些电商平台有预售,相信会有很多人参与购买。

3. 用户心理学思考三:贪婪

交换的本质在于用一件物品来换取另一件物品,预售也是如此。我们都是通过交换来获得自己想要的物品,可为什么我们会产生这种物品的占有和掌控的心理?其背后的心理学逻辑就是贪婪。预售这种模式一般会限制商品数量、购买时间或购买人群等。在这些限制条件下,我们会认为买到就是赚到,从而产生贪婪心理。

4. 用户心理学思考四:炫耀

一件稀缺的商品在大多数人都没有拥有时,用户通过预售方式得到,自然会产生喜悦的心理,继而可能会产生炫耀的心理。

让我们思考一个问题,如果将上述用户心理融入产品设计中,那么产品的预售功能设计是否就能够成功呢?答案仍然是否定的。因为单从用户的角度思考,容易以偏概全。产品在自身设计和服务体系上要注意以下要点。

1)在用户产生购买动机时,产品的设计能否起到助攻作用?例如,预售商品是否采用优惠定价,实际上也会影响用户的快速下单。显然,更优惠的价格更能促进用户下单。

2）售后服务保障是否及时非常关键。例如：商品是否能在承诺的预售周期内发货，以满足用户的及时和快速的售后体验，这是让用户产生回购和种草的有力条件。

3）多一些诚信，少一些套路。无论是预售功能设计还是其他功能设计，都是为了用户的便捷。然而，很多时候我们设计的产品并没有真正帮到用户。比如在预售时，我们不提供风险因素和是否支持退换货等信息。一旦用户下单后发现存在某些安全隐患，就会给用户造成上当受骗的感觉。

8.7 促销优惠中的价格歧视心理学

在企业的经营会议中，经常会讨论一个问题：如果要实现企业利润的最大化，应该采取哪些措施？通常情况下，我们会认为是"提升销售额"或"降低生产成本"。但实际上，这两种答案都不完全正确。

谋求企业利润最大化的策略并不在于提升销售额或降低生产成本，而是要尽可能地获取消费者剩余价值，即如何促使消费者愿意支付这些商品最高价格与这些商品实际市场价格之间的差额。可以用以下公式表示：

消费者剩余价值 = 消费者愿意支付的最高价格 – 实际市场价格

消费者剩余价值也可以被认为是商家让利给消费者的部分利润。那么企业如何获取消费者剩余价值呢？这就要用到价格歧视原理。

价格歧视实质上是一种价格差异，通常指商家在向不同的消费者提供相同品质的商品或服务时，在消费者之间实行不同的销售价格。也就是说，同样一个商品或产品，针对不同的消费者实行不同的价格。

我们来举例说明商家为获取消费者剩余价值都有哪些促销策略。

一家奶茶店推出一款新品，成本价 5 元，针对不同的消费群体（都市白领、普通人群、在校学生），有如下的定价策略。

三类群体的消费能力如下：都市白领愿意支付 15 元购买新款奶茶，普通消费者愿意支付 10 元购买新款奶茶，在校学生愿意支付 8 元购买新款奶茶。

假如商家想要追求销量最大化，定价为 6～8 元，那么三类群体都能购买，则利润为 3～9 元（即在校学生、普通人群、都市白领都是通过 6～8 元销售价购买新款奶茶）。此时，一杯新款奶茶的最大利润是 3 元（即消费者支付 8 元销售价减去 5 元奶茶成本价）。

假如商家想要追求利润最大化，定价为 15 元，那么只有都市白领才能买得起，丢失了普通人群和在校学生，则一杯新款奶茶的最大利润是 10 元（即消费者支付 15 元销售价减去 5 元奶茶成本价）。

如果按照上面的定价策略，那么商家的最大利润是 10 元。但是损失了消费群体，销量上不去，最终不能使得消费者剩余价值最大化。

难道只能这样定价吗？显然不是，商家还可以针对不同的消费群体定制个性化价格，即所谓的价格歧视。比如：针对都市白领定价为 15 元，则利润就是 10 元；针对普通人群定价为 10 元，则利润就是 5 元；针对在校学生定价为 8 元，则利润就是 3 元。合计利润是 18 元（10 元 + 5 元 + 3 元）。

可随即问题又来了：有什么方式能促使消费者愿意支付最高的价格成本来购买呢？答案是促销。通过在促销中设置不同的条件，促使不同的消费群体产生不同的购买行为，比如常见的限时促销。

一般的限时促销都会设置一个最低的商品价格，且限制在一定的促销周期内。以上面的新品奶茶为例，我们可以分时段、分价格针对不同的消费群体进行促销。中午时段和下午 5～6 点针对在校学生，设置价格为 8

元；下午3~4点针对都市白领，设置价格为15元；其他时间段针对普通人群，设置价格为10元。

通过设置这样的限时促销策略，我们可以清楚地分析不同消费群体的心理行为。

- 在校学生：空余时间相对固定，只有中午和下午放学才有时间，对于商家来说这是学生消费的最佳时段，如果商家想要获取学生的剩余价值，就在这个时候设置促销活动。学生在这段时间里也愿意付出自己的最高消费。
- 普通人群：这类群体时间不固定，在任何时间段都能参与购买，但他们产生的利润不是最大化。面对低于自己心理预期的销售价格，他们也很乐于付出自己的消费剩余价值。
- 都市白领：与在校学生一样，空余时间比较固定，一般是下午茶时段。在该时段，他们愿意付出自己的最高消费，而针对在校学生和普通人群设置的时段，都市白领的消费动机并不强烈，因为他们不可能为了喝一杯奶茶去耗费自己的时间成本。

我们还发现，无论是传统的ERP促销产品设计，还是线上电商营销产品设计，其实都采用了这种促销优惠的价格歧视模式促使消费者付出自己的消费剩余价值，最大化地为商家创造收益。

8.8 直播带货中的氛围心理学

短视频的兴起带动了直播电商行业的发展。与传统电商相比，直播电商仅仅是优化了商品展示的方式。消费者不再主动浏览商品，而是被动地接受直播人员的讲解。然而，正是这种被动的种草行为，让消费者产生了购买的动机。

从产品设计的角度来看，直播电商并没有太多的创新，因为下单购买、优惠计算和物流配送等方面都没有改变。但是，从人货场的角度来看，消费者仍然是那个消费者，商品仍然是那个商品，只是场景发生了变化。我们可以简单地理解直播作为一种具有磁场行为的场景，不仅能让消费者购买需要的商品，还能让消费者购买不需要的商品。这就是其奇妙之处。

以线下实体店来说，我们经常去沃尔玛之类的商超市场。在超市里，经常可以看到各种商品的导购员，他们的主要工作是拿着麦克风不停地推销自己的商品，甚至免费让消费者试用。在很多情况下，我们会禁不住诱惑，从而产生购买行为。

回归在线直播电商，你是否感觉这类行为与超市导购员促销非常相似？只是将试用产品的行为变为主播来试用，同时线上场景更加丰富，因此消费者的购买欲望得到增强。这是为什么呢？从产品心理学的角度来看，可以概括为如下几点。

1. 消费从众行为

法国社会心理学家古斯塔夫·勒庞在《乌合之众：大众心理研究》一书中指出，我们大多数人都具有从众的心理行为。直播间人数越多，我们越会被这样的场景所吸引。假设直播间售卖的商品价格正好符合我们的心理预期，同时还带有优惠的标签，那么我们就会产生购买的行为。此时，如果有其他消费者参与下单，抢购的意识就会更加强烈。因此，在直播类产品中，可以考虑引导消费者的下单行为，例如窗口特别提示谁正在下单购买，当前商品还剩余多少等。

2. 营造情感共鸣

与其他场景下的产品模式相比，直播电商产品能够有效地营造情感共鸣。导购在进行直播时实际上是一个演讲者，而客户是倾听者。只要演讲者能够抓住倾听者的喜好，就很容易营造情感共鸣。此外，导购在直播时可以通过播放音乐进行氛围烘托，以及与场外的人员进行互动，拉近与客户的距离。因此，直播类产品中有许多关于营造情感共鸣的设计，如表情系列（点赞、鼓掌、比心等）和打赏系列（红包、鲜花、礼物等）。

3.场景身临其境

在生活场景中，我们发现一个现象：阅读文字类资料容易让人犯困，而观看视频类资料则不然。这是因为文字类资料的场景不够身临其境，而视频类资料则因为有画面、情节、声音等点缀，犯困的概率大大降低。另外，直播类产品不仅具有视频类资料的画面、情节、声音，更重要的是直播者与客户实时互动，就像一位促膝长谈的好友，场景更为真实。此时，我们很难拒绝一位正在和你聊天的朋友，尤其是当他全身心地投入并向我们推荐他自己体验的产品时，我们会自然而然地产生购买动机。因此，直播类产品在设计中更注重抓住人性的需求，而不是简单地介绍产品功能。

综上所述，只要一款产品能够让用户产生情感共鸣并达到身临其境的效果，就很难让用户不下单。这正是本书想表达的，即产品设计的终极目标并不仅仅是满足用户在不同场景中的使用需求，而是如何让用户在这些场景中产生心流体验。

后记

写给读者的信

亲爱的读者朋友：

你们好！感谢你们花费宝贵的时间读完本书，相信你们一定有很多收获。在最后即将告别的时刻，我们一起来聊聊产品经理这个伟大而神圣的职业。

从事产品经理这个职业，大家是否感到些许骄傲？于我而言，在这里我谈谈以下几点感受。

1. "上帝"视角思考问题

作为产品经理，我们创造了互联网世界的万物（产品），以及万物（产品）之间的生存规则，我们的思考视角其实就是互联网世界的"上帝"，这是一种多么了不起的创造，我认为大家应该感谢这个职业。

2. 用心灵与用户沟通

在产品世界里，我们相信"用户是产品的活的灵魂"，即再完美无缺的产品，用户都是其主宰，没有用户的产品终将是一片寂静。作为产品与用户之间的桥梁，产品经理扮演的角色就像是一位心理学大师。我们不再用言语沟通，而是用心灵感悟。

换位思考，将心比心，想用户之所想，思用户之所思，这是与用户心灵沟通的基本逻辑。凡是那些广受欢迎的产品都是这些基本逻辑的最佳实践者。因此，在产品开发的道路上，我们似乎成了可以读懂用户心理的人。

3. 产品经理指导思想

沿着产品经理这个职业，我们再来聊聊本书所谈及的"产品心理学"。这个从未被大家提及但又常常在产品设计中使用的名词，我想它应该被冠上一个神圣的头衔。它就像产品设计中解放产品经理思想，抵达产品设计高峰的"指导思想"，如某些哲学的指导思想和某些心学的指导思想。

作为产品设计者，我衷心希望每一个产品人都能具备这种思想，它体现的不仅仅是一种设计理念，更是一种哲学思考。往浅了说，它研究的是用户的日常习惯；往深了说，它研究的是人性的本质。

这同样也给了我们一些启示。或许在不久的将来，产品心理学将成为互联网世界里的一种常态化的思想指南，一种能够改变行业、改变业态、改变产品的思想利器。

4. 产品经理成功方程式

稻盛和夫终其一生都在践行人生成功方程式，我认为产品经理的成功同样需要这个方法。

产品经理成功方程式 = 思维方式 × 热情 × 能力

思维方式是指对产品经理这个职业的认知，其分值为 $-100\sim100$。因此，思维方式的改变将决定在产品经理这条路上能走多远。

热情是指我们必须热爱产品经理这个职业，其分值为 $0\sim100$。这将为我们提供不竭的前进动力。

能力是一个后天事件，其分值为 0～100。我们认为任何能力都可以通过学习获得，只要我们付出不亚于任何人的努力，用心钻研，能力自然会提升。

以上内容与各位读者共勉，祝愿大家在产品经理这条路上找到自己的"罗马帝国"。虽然我们并非狭路相逢，但我相信只有勇于探索的思想者才能获得最终的胜利。我们未来再见！